好味吃不够

好滋味的
百变米饭

主编◎甘智荣

U0305037

黑龙江科学技术出版社

HEILONGJIANG SCIENCE AND TECHNOLOGY PRESS

图书在版编目（CIP）数据

好滋味的百变米饭 / 甘智荣主编. -- 哈尔滨 ： 黑龙江科学技术出版社，2016.9（2024.2重印）

ISBN 978-7-5388-8881-2

Ⅰ．①好… Ⅱ．①甘… Ⅲ．①大米－食谱 Ⅳ．①TS972.131

中国版本图书馆CIP数据核字 (2016) 第167010号

好 滋 味 的 百 变 米 饭
HAO ZIWEI DE BAIBIAN MIFAN

主　　编	甘智荣
责任编辑	徐　洋
摄影摄像	深圳市金版文化发展股份有限公司
策划编辑	深圳市金版文化发展股份有限公司
出　　版	黑龙江科学技术出版社
	地址：哈尔滨市南岗区公安街70-2号　邮编：150007
	电话：（0451）53642106　传真：（0451）53642143
	网址：www.lkcbs.cn
发　　行	全国新华书店
印　　刷	三河市天润建兴印务有限公司
开　　本	723 mm×1020 mm　1/16
印　　张	10.5
字　　数	150千字
版　　次	2016年9月第1版
印　　次	2016年9月第1次印刷　2024年2月第2次印刷
书　　号	ISBN 978-7-5388-8881-2
定　　价	59.00元

前言

吃顿饱饭，容易，吃口好饭，难

　　南方人对于米饭的执着就如北方人对于面食的眷念，从小就有着深深的挚爱。一碗好饭，莹白如玉、颗粒分明、糯而不粘、微有嚼劲、米香带甜……让人无法忽视它不是主角却更似主角的美味，还能够带来安心和满足，并且在记忆中烙下深刻印象！

　　米饭，真的是最简单也最困难的美食，想做好一碗米饭，就要投入心力与感情。

　　喝茶有"茶道"，吃饭当然也有"饭道"。

　　煮好饭米是基础，米粒饱满坚硬，色泽清白透亮；水是灵魂，好米还需好水煮，水是给米饭注入灵魂的关键一步；煮是功夫，热度均匀传到每一粒米上，完成初步"涅槃"；蒸是升华，看着锅里的生米逐渐成熟，闻着越来越浓烈的香味，心中的馋意渐渐被吊起来。

　　这时你会发现花费时间等待一份美味是值得的，因为每一分的等待都会因为最后浓郁的香味而变得更有意义。

　　米饭，是最自由的一道美食。它变化万千，可以很家常，也可以很正式；可以很朴实，也可以很精致。比如，简单的一碗

炒饭，就像是一个小宇宙，里面蕴含了无限的可能性。煲仔饭，对于它最初的印象，就是等待。它用料考究、小火慢熬；腊味的油脂和香气逐渐渗透到米饭中，最终融为一体，将米饭的精髓发挥得淋漓尽致。而焗饭，顾名思义是一种被浓香芝士覆盖着的食物，是芝士与米饭的完美结合，保留食物的原汁原味，挖掘食物的营养价值。这些毫无疑问都是米饭，却又不尽相同，各有各的精彩。

生活在繁华的大都市，快节奏的工作使人疲惫。有时候我们需要慢下来，用心做一碗好饭，热气腾腾的，吃上一口，那种简单、知足、美好的感受就是生活里微小而确实的幸福。

目录

CHAPTER 01

练好基本功，煮出米饭的幸福滋味

CHAPTER 02

大火炒，粒粒分明饱满米香

CHAPTER 03

一碗大满足，饭菜齐上阵

CHAPTER 04

杂粮味，记忆中的旧时谷香

CHAPTER 05

滋养好粥，口口软糯易消化

CHAPTER 06

谱恋异国味，让味蕾出走

CHAPTER 07

米饭玩转新花样

练好基本功，
煮出米饭的幸福滋味

你是否也在为煮出过夹生饭、糊锅巴而烦恼？

常常煮出的饭不是太硬就是太软，该怎么办呢？

其实，大米是有生命的，一口好米饭中包含了许多经验技巧。

只要掌握煮饭的诀窍，就能煮出好吃的饭哦！

当香气四溢的米饭出锅时，一切都值了。

掌握烹饪技巧，让米饭百变

米饭不单单只能简单的煮，炒、蒸、炖、烩……样样美味，掌握了这些烹饪方法的操作要领，米饭就能华丽变身，不再单一，美味更诱人。

切  倒油 炒

①将原材料洗净，切好备用。
②锅烧热，加底油，用葱、姜末炝锅。
③放入加工成丝、片、块状的原材料和冷米饭，直接用旺火翻炒至熟，调味装盘即可。

制作要点

①炒的时候，油量一定要视原料的多少而定。
②操作时，一定要先将锅烧热，再下油，一般将油锅烧至六或七成热为佳。
③火力的大小和油温的高低要根据原料的材质而定。

切  调味  焖煮

①将原材料洗净，切好备用。
②将原材料与调味料一起炒出香味后装入锅中，倒入汤汁，放入水发大米。
③盖紧锅盖，改中小火焖至熟软后改大火收汁，装盘即可。

制作要点

①焖时要加入调味料和足量的汤水，以没过原料为好，而且一定要盖紧锅盖。
②一般用中小火较长时间加热焖制，以使原料酥烂入味。

切　　　　调味　　　　蒸

①将原材料洗净，切好备用。
②将原材料用调味料调好味，摆于装有水发大米的碗中。
③将其放入蒸锅，用旺火蒸熟后取出即可。

制作要点

①蒸米饭时开始要用强火，再转中火或小火蒸制。
②蒸时要让蒸笼盖稍留缝隙，可避免蒸汽在锅内凝结成水珠流入蒸饭中。

汆　　　　炖　　　　调味

①将原材料洗净，切好，入沸水锅中汆。
②锅中加适量清水，放入原材料和水发大米，大火烧开后小火慢慢炖至酥烂。
③最后加入调味料即可。

制作要点

①大多原材料在炖时不能先放盐，盐的渗透作用会延长加热时间。
②炖饭时要一次加足水量，中途不宜掀盖加水。

切　　　　炒　　　　烩

①将所有原材料洗净，切块或切丝。
②炒锅加油烧热，将原材料略炒，再加调味料，用大火煮片刻。
③然后放入凉米饭，加入芡汁勾芡，搅拌均匀即可。

制作要点

①烩菜原料不宜久煮，多经焯水或过油，有的还需上浆后进行初步熟处理。
②一般以汤沸即勾芡为宜，以保证烩饭的口感。

厨房课堂第2课
THE SECOND LESSON

Step by step,
教你制作超好吃炒饭

做好炒饭的第一要素就是米饭要粒粒分明。要做到这点，就要从最初的煮饭方法谈起。如果能掌握下述步骤，就可以煮出美味可口的大米饭，制作出既营养又好吃的炒饭。

● Step1 洗米

洗米的标准动作是以画圆的方式快速掏洗，再马上把水倒掉，如此反复动作，至水不再浑浊。淘洗的动作要轻柔，以免破坏米中的营养素。洗米主要是为了去掉沾在米上的杂质或米虫，所以洗的动作要快，倒水的动作也要快。

● Step2 煮饭

每一种米的搭配水量各有不同，在选购米时，包装上都会注明。用来做炒饭的米饭，水量应比一般米饭的用水量适当减少，减少的水量在10%～20%。
要想煮出香甜软弹的米饭，可以在锅内加完水后滴入少许的色拉油或白醋，再用筷子拌一下，或是盖上锅盖浸泡一段时间，浸泡的时间是依米的品种和气候而有所不同。例如，冬天就要比夏天多浸泡15分钟左右。

● Step3 拌饭

饭煮好后，先用饭勺将饭拨松，再加盖焖约20分钟。这个步骤的目的是要让所有米饭都能均匀地吸收水分。拨松的动作要趁热做，才能维持米饭颗粒的完整度，如果在米饭冷却后才做拨松的动作，很容易破坏米饭颗粒的完整度，炒出的饭既不美观也不好吃。

● Step4 摊凉米饭冷藏

将煮好拨松的米饭，直接摊开放于器皿上放凉，如此可让米饭冷却的速度加快。将冷却的米饭密封包装，并放入冰箱中冷藏。也可以少份量分装多包，这样再次使用时会比较方便。

● Step5 软化米饭

从冰箱中取出冷藏的冷饭，先洒上少许的水。这个步骤是要让冷饭软化，且容易抓松，如果米饭尚未软化，就强制抓松，容易破坏米饭的颗粒，会影响炒饭的口感。

● Step6 抓松米饭

冷藏后的米饭容易结块，所以一定要抓松结块的米饭后，才可用来炒饭，才能炒出粒粒分明的爽弹米饭。

● Step7 加入鸡蛋

不少人都有这样的感受：加入鸡蛋的炒饭吃起来更香。金黄的鸡蛋和美味的米饭混合时，不仅在视觉上给人享受，口感上更富变化，营养也更全面。制作蛋炒饭前，可先将鸡蛋打散，加入盐、葱末等调味，加入米饭混合均匀，便可炒出每一粒都裹着蛋液和鲜味的炒饭。如果想要蛋与饭分离的炒饭，则蛋不能打得过散，在炒制时先加入蛋液炒成小块，再放入米饭翻炒。

● Step8 热锅炝炒

如果要在炒饭中加入虾仁、胡萝卜等配菜，可以事先将其氽水处理后，再入油锅，快炒熟时加入冷饭，让米饭在锅中受热均匀，食用时的口感更富有弹性。

常见杂粮知多少

养生风尚的兴起，让人们对五谷杂粮也狂热了起来，"十米粥""杂粮饭"，越来越多的杂粮美味华丽地登上了我们曾经充斥着大鱼大肉的餐桌。五谷杂粮，是我们从出生就赖以维持生存的食物，是中国几千年以来，老百姓一直奉为圣品的"五谷为养""五谷为厚""五谷丰登"之物，是现代人的餐桌上的时尚回归。那么，关于五谷杂粮，大家知道多少呢？

糙米

糙米是相对于精白米而言的，稻谷脱壳后仍保留着一些外层组织的米叫作糙米。近年来，亚洲一些以大米为主食的国家掀起了食用糙米食品的热潮。好的糙米表面的膜光滑，无斑点，胚颜色呈黄色，如胚颜色发暗发黑，则是糙米存放时间过长。

糯米

糯米为禾本科植物糯稻的种仁，又称江米、元米，是大米的一种。米质呈蜡白色不透明或透明状，是大米中黏性最强的。糯米的颜色雪白，如果发黄且米粒上有黑点，就是发霉了，不宜购买。如果糯米中有半透明的米粒，则是滥竽充数，掺了大米。

小米

小米为禾本科植物粟的种仁，亦称粟米。是中国古代的"五谷"之一，也是中国北方人最喜爱的主要粮食之一。优质的小米米粒大小均匀，颜色呈乳白色、黄色或金黄色，有光泽，很少会有碎米，无杂质。

玉米

玉米为禾本科植物玉蜀黍的种子。又称苞谷、苞米棒子、珍珠米，是全世界公认的"黄金作物"，有的地区以它为主食。玉米粒没有塌陷，饱满有光，用指甲轻轻掐，能够溅出水的玉米为佳。

黑米

黑米外表墨黑，营养丰富，有"黑珍珠"和"世界米中之王"的美誉。黑米的黑色集中在皮层，胚乳仍为白色，因此将米粒外面皮层全部刮掉，观察米粒是否呈白色，若不是呈白色，则极有可能是人为染色黑米。

薏米

薏米为禾本科植物薏苡的种仁，又名薏苡仁、药玉米。薏米在我国栽培历史悠久，是我国古老的药、食皆佳的粮种之一。好的薏米颜色一般呈白色或黄白色，色泽均匀，带点儿粉性，非常好看。

大麦

大麦是世界第五大耕作谷物，在我国已有几十年的食用历史，医药界公认大麦具有很高的药理作用。品质优良的大麦具有淡淡的坚果香味，挑选时以颗粒饱满、完整、无杂质、无虫蛀，色泽呈现黄褐色为宜。

燕麦

燕麦又叫野麦、雀麦，在美国《时代》杂志评出的十大健康食品中，燕麦名列第五。尽量选择能看得见燕麦片特有形状的产品，即便是速食燕麦产品，也应当看到已经散碎的燕麦片。

荞麦

荞麦又叫乌麦、荞子，起源于我国，是一种古老的粮食作物，早在公元前5世纪的《神龙书》中已有记载。荞麦的形状一般为卵形，黄色或青褐色，表皮光滑。挑选时，以颗粒饱满完整，无虫蛀、干燥、大小均匀的为佳品。

芝麻

芝麻又叫胡麻、油麻，主要有黑芝麻、白芝麻两种。古代养生学家陶弘景对芝麻的评价是"八谷之中，唯此为良"。品质优良的芝麻色泽鲜亮、纯净，外观白色，大而饱满；劣质芝麻的色泽发暗，外观不饱满或萎缩。

芡实

芡实为睡莲科芡属植物芡的种子，又名鸡头米，是秋季进补的首选食物。芡实应当色泽白亮，如外观虽白但光泽不足、色萎，则品质较差；若颜色带黄，则可能是陈年芡实。

黑豆

黑豆又叫乌豆、黑大豆，表皮呈黑色，有助于长筋骨、悦颜面、乌发明目、延年益寿。优质的黑豆大而圆润，黑而有光泽，无虫蛀，无异味。挑选黑豆时要以颗粒饱满、不干瘪、外观自然黑为佳。

绿豆

绿豆又叫青小豆、青豆子，是我国的传统豆类食物。它不但具有良好的食用价值，还具有非常好的药用价值。优质绿豆外皮蜡质，子粒饱满、均匀，很少破碎；次质、劣质绿豆色泽暗淡，子粒大小不均，饱满度差，破碎多。

红豆

红豆，别名赤小豆、猪肝赤、杜赤豆等。红豆富含淀粉，因此又被人们称为"饭豆"。它具有"律津液、利小便、消胀、除肿、止吐"的功能。红豆一般以颗粒均匀、色泽润红、饱满光泽、皮薄者为佳品。

黄豆

黄豆又叫大豆、黄大豆，是所有豆类中营养价值最高的。故黄豆有"田中之肉""植物蛋白之王"等赞誉，是数百种天然食物中最受营养学家推崇的。颜色明亮有光泽的是好黄豆；若色泽暗淡，无光泽则为劣质黄豆。

厨房课堂第4课
THE FOURTH LESSON

6招煮出香喷喷靓粥

煮粥虽然简单，但仍有章法要遵循。关键在于原料的准备和熬制的火候。下面我们综合一些专业厨师的经验介绍给读者，也许可以助你事半功倍。

浸泡

煮粥前先将米用冷水浸泡30分钟，让米粒膨胀开。这样做的好处：①可节省熬粥时间；②搅动时会顺着一个方向转；③熬出的粥糯、口感好。

开水下锅

大家的普遍共识都是冷水煮粥，而真正的行家却是用开水煮粥。你肯定有过冷水煮粥煳底的经验吧？开水下锅就不会有此现象，而且它比冷水熬粥更省时间。

点油

煮粥还要放油？是的，粥改文火后约10分钟时点入少许油，成品粥不光色泽鲜亮，而且入口别样鲜滑。

火候

先用大火煮开，再转文火煮约30分钟。别小看煮粥时火的大小转换，粥的香味由此而出。

搅拌的技巧

原先我们煮粥时不时地搅拌，是因为怕粥煳底，现在没了冷水煮粥煳底的担忧，为什么还要搅呢？为了"出稠"，也就是让米粒颗颗饱满、粒粒酥稠。开水下锅时搅几下，盖上锅盖用文火熬20分钟时，开始不停地搅动，一直持续约10分钟，至粥呈黏稠状出锅为止。

底、料分煮

粥底是粥底，料是料，分头煮的煮、焯的焯，最后再搁一块煮片刻，且煮制时间不超过10分钟。

厨房课堂第5课
THE FIFTH LESSON

巧食米饭，健康食疗

米饭是多数中国人每天要吃的主食，如果掌握了吃米饭的健康原则，日积月累，不知不觉中就能起到防病抗衰的作用，对慢性病患者有积极的食疗作用。

● 尽量让米"色"，利于预防心血管病

大米饭维生素含量很低，如果选择有色的米，并用其他的食品配合米饭煮，让米饭变得五颜六色，就能在很大程度上改善其营养价值。比如，煮饭时加入绿色的豌豆、橙红色的胡萝卜、黄色的玉米粒，既美观又提供了维生素和类胡萝卜素。

● 尽量让米"乱"，预防慢性病最有效

在烹调米饭、米粥时，最好不要用单一的米，而是米、粗粮、豆子、坚果等一同煮。一方面增加了B族维生素和矿物质，另一方面还能起到营养互补的作用，在减少动物性食品摄入的同时能够保证充足的营养供应，这样能有效地降低血糖反应，控制血脂。

● 尽量让米"粗"，利于控制血糖、血脂

所谓"粗"，就是尽量减少大米饭，因其血糖反应过高，对控制血糖和血脂均十分不利。只有摄取了足够多的纤维，才能有效地减缓米饭的消化速度，延长食物在胃里停留、消化的时间，同时可以在肠道中吸附胆固醇和脂肪，起到降低餐后血糖和血脂的作用。

CHAPTER 02

大火炒，粒粒分明饱满米香

一个拿捏不准，饭煮多了，怎么办？
来一份满是幸福滋味的炒饭！
米饭，最百搭的食材，
加入任何自己喜欢的配菜，
炒出香甜可口的花样混合饭菜。

鲜蔬炒饭

🕐 3分钟

👤 2人份

材料

冷米饭	250克
水发黑木耳	30克
胡萝卜	65克
洋葱	80克
鸡蛋液	45毫升
小白菜	60克

调料

盐	2克
鸡粉	少许
食用油	适量

做法

① 将洗净的小白菜切碎；黑木耳切小块；洗净的洋葱切块；去皮的胡萝卜切丁；鸡蛋液调匀。

② 用油起锅，倒入调好的蛋液，炒匀，炒至五六成熟，盛出。

③ 另起锅，注入少许食用油，烧热，倒入胡萝卜丁，炒匀。

④ 放入洋葱、黑木耳、米饭炒散，倒入小白菜和炒过的鸡蛋炒匀。

⑤ 加入盐、鸡粉，炒匀，关火后盛入碗中，再倒扣在盘中即可。

韭菜火腿玉米炒饭

🕐 5分钟

👤 1人份

材料

韭菜	60克
火腿肠	60克
玉米粒	30克
冷米饭	180克

调料

生抽	5毫升
盐	2克
鸡粉	2克
食用油	适量

做法

① 洗净的韭菜切段；火腿肠切丁。

② 锅中注入适量清水烧开，倒入玉米粒，焯片刻，关火后捞出焯好的玉米粒，沥干水分，装入碗中待用。

③ 用油起锅，倒入玉米粒、火腿肠丁，炒香。

④ 倒入米饭，加入生抽，炒匀。

⑤ 加入盐、鸡粉，炒匀，倒入韭菜段，翻炒约2分钟至入味，关火后盛出米饭，装入碗中即可。

茴香炒饭

⏱ 4分钟　👤 1人份

材料		调料	
茴香	80克	盐	2克
香菇	50克	鸡粉	2克
米饭	170克	生抽	2毫升
豌豆	50克	食用油	适量

做法

① 洗净的香菇切成条，再切丁；择洗好的茴香切成小段，待用。

② 热锅注油烧热，倒入香菇，炒香。

③ 倒入洗净的豌豆，快速翻炒均匀。

④ 放入备好的茴香、米饭，快速翻炒松散。

⑤ 淋入生抽，加入盐、鸡粉，翻炒至入味，关火后将炒好的饭盛入盘中即可。

TIPS 香菇最好用流动水冲洗，能更好地清洗掉菌丝内的杂质。

1

2

3

4

5

胡萝卜豆角炒饭

⏱ 5 分钟

👤 2人份

材料

米饭	250克
豆角	80克
胡萝卜	80克
豌豆	50克
玉米粒	50克
蒜末	少许
欧芹	少许

调料

盐	3克
橄榄油	适量

做法

① 洗净的豆角切段；洗净去皮的胡萝卜切丁。

② 锅中注入适量清水烧开，加入1克盐，淋入橄榄油，倒入胡萝卜、豌豆、玉米粒，焯1分钟。

③ 倒入豆角，焯至所有食材熟透，捞出，沥干水分。

④ 锅中注入橄榄油烧热，倒入蒜末爆香，倒入米饭，炒至松散，放入焯好的食材，炒匀，加入2克盐炒入味，盛出，撒上欧芹即可。

彩虹炒饭

⏲ 3 分钟

👤 1人份

材料

米饭	150克
红椒	50克
玉米粒	30克
豌豆	50克

调料

盐	2克
鸡粉	1克
生抽	少许
食用油	适量

做法

① 将红椒洗净，切成丁。

② 锅中注入适量清水，大火烧开，倒入适量食用油，加入1克盐。

③ 倒入豌豆、玉米粒，焯1分钟，再倒入红椒丁，焯至转色捞出。

④ 炒锅上火，注油烧热，倒入米饭，炒至松散。

⑤ 放入焯过的食材，翻炒均匀。

⑥ 调入1克盐、鸡粉、生抽，炒至入味，盛出即可。

材料		
肉末	65克
米饭	155克
洋葱	50克
去子青椒	40克
去皮胡萝卜	60克
酸菜	80克
葱花	少许

调料		
盐	1克
鸡粉	1克
生抽	5毫升
食用油	适量

酸菜一般是由大白菜腌制而成，含有维生素C、植物酵素、有机酸、膳食纤维等成分，有促进食欲、解除油腻感等作用。

酸菜炒饭

🕐 4分钟　👤 2人份

做法

① 洗净的洋葱切条，改切成丁；胡萝卜切条，改切成丁。

② 洗净的青椒切条，改切成丁；洗净的酸菜切丝，待用。

③ 用油起锅，倒入肉末，翻炒半分钟至稍微转色。

④ 放入切好的胡萝卜丁、青椒丁、洋葱丁、酸菜丝、米饭，翻炒均匀。

⑤ 加入生抽、盐、鸡粉，翻炒半分钟至米粒松散入味。

⑥ 关火后盛出，装盘，撒上葱花即可。

干菜酱油炒饭

🕐 4分钟　👤 1人份

做法

① 泡好的梅干菜切小段。

② 热锅注油，倒入切好的梅干菜，炒匀炒香。

③ 倒入熟米饭，将米饭压散，注入少许清水。

④ 加入盐、鸡粉、老抽，翻炒约2分钟至米饭着色均匀及入味。

⑤ 倒入葱花，翻炒均匀。

⑥ 关火后盛出炒饭，装盘即可。

材料

熟米饭	200克
水发梅干菜	40克
葱花	少许

调料

盐	1克
鸡粉	1克
老抽	5毫升
食用油	适量

TIPS

梅干菜含有纤维素、氨基酸、钙、磷及多种维生素等营养成分，具有解暑热、洁脏腑、消积食、治咳嗽、生津开胃等功效。

老干妈炒饭

⏱ 3分钟　👤 2人份

材料

米饭220克，玉米粒60克，鸡蛋液65克，老干妈辣椒酱35克，葱花少许

调料

盐、鸡粉各2克，十三香、橄榄油各适量

做法

① 锅中注入清水烧开，倒入玉米粒，氽至断生捞出；大碗中倒入米饭，淋上蛋液，撒上十三香，搅拌均匀。

② 热锅注入橄榄油烧热，放入老干妈辣椒酱、米饭、熟玉米粒，加入盐、鸡粉、葱花，炒匀，盛入盘中即可。

火龙果炒饭

⏱ 4分钟　👤 1人份

材料

火龙果350克，熟米饭160克，鸡蛋液65毫升，香菇、胡萝卜丁、黄瓜丁各50克

调料

盐、鸡粉各1克，食用油适量

做法

① 洗净的香菇切丁；火龙果一切两半，挖出果肉，外皮留用作盅，果肉切小块；蛋液中倒入熟米饭，拌匀。

② 热锅注油，倒入香菇丁、胡萝卜丁、米饭，加入盐、鸡粉、火龙果肉块、黄瓜丁，炒匀盛出即可。

芽菜蘑菇蛋炒饭

⏱ 5分钟

👥 2人份

材料

米饭	180克
芽菜	80克
洋葱	35克
口蘑	45克
鸡蛋液	40毫升

调料

| 鸡粉 | 2克 |
| 食用油 | 适量 |

做法

① 处理好的洋葱对半切开，切成小块；洗净的口蘑切片，待用。

② 锅中注入适量清水大火烧开，倒入口蘑，焯去杂质，捞出。

③ 热锅注油烧热，倒入鸡蛋液，炒至凝固，将鸡蛋盛出装入盘中。

④ 锅底留油烧热，倒入洗好的芽菜，炒软，倒入备好的洋葱，翻炒片刻，放入口蘑，炒匀，倒入备好的米饭，快速翻炒松散。

⑤ 倒入鸡蛋，加入鸡粉，炒匀，关火后盛入盘中即可。

香浓牛奶炒饭

⏱ 3分钟

👤 2人份

材料		
	米饭	200克
	青豆	50克
	玉米粒	45克
	洋葱	35克
	火腿肠	55克
	胡萝卜	40克
	牛奶	80毫升
	高汤	120毫升

调料		
	盐	2克
	鸡粉	2克
	食用油	适量

做法

① 处理好的洋葱切丝，切粒；火腿肠除去包装，切成粒；洗净去皮的胡萝卜切成丁。

② 锅中注入适量清水大火烧开，倒入洗净的青豆、玉米粒，搅匀，焯片刻，捞出，沥干水分。

③ 热锅注油烧热，倒入焯过水的食材，倒入火腿肠、胡萝卜、洋葱、米饭，翻炒均匀，注入适量牛奶、高汤，翻炒出香味。

④ 加入盐、鸡粉炒匀，关火后将炒好的饭盛入盘中即可。

松子玉米炒饭

 3分钟

 3人份

材料

米饭	300克
玉米粒	45克
青豆	35克
腊肉	55克
鸡蛋	1个
水发香菇	40克
熟松子仁	25克
葱花	少许

调料

食用油	适量

做法

① 将洗净的香菇切粗丝，再切丁；洗好的腊肉切成丁。

② 锅中注入适量清水烧开，倒入洗净的青豆、玉米粒，拌匀，焯1分30秒，至食材断生，捞出材料。

③ 用油起锅，倒入腊肉丁，炒匀，倒入香菇丁，翻炒匀，打入鸡蛋，炒散，倒入米饭，炒匀，倒入焯过水的食材，翻炒匀。

④ 撒上葱花，倒入10克熟松子仁，炒匀，关火后盛出炒好的米饭，撒上15克熟松子仁即成。

腊肉豌豆饭

⏱ 4分钟　👤 2人份

材料			调料		
	熟米饭	150克		盐	1克
	腊肉	80克		鸡粉	1克
	去皮胡萝卜	50克		生抽	5毫升
	豌豆	30克		食用油	适量
	葱花	少许			

1

做法

① 腊肉切丁；洗好的胡萝卜切丁。

② 沸水锅中倒入豌豆，焯一会儿至断生，捞出，沥干水分，装盘待用；锅中再倒入腊肉丁，焯一会儿至去除多余盐分，捞出，沥干水分，装盘待用。

③ 热锅注油，倒入焯好的腊肉，炒匀，放入焯好的豌豆，加入胡萝卜丁，倒入米饭，压散，炒约1分钟。

④ 加入生抽、盐、鸡粉，翻炒约1分钟至入味，倒入葱花，翻炒均匀，关火后盛出炒饭，装碗即可。

3

4

 TIPS 喜欢偏辣口味的话，炒饭时可以加些辣椒油或辣椒酱。

材料		
	米饭	200克
	剁椒	50克
	腊肉	100克
	葱花	少许

调料		
	鸡粉	2克
	食用油	适量

 TIPS

腊肉汆水时间可以略长点儿，以免炒出的饭偏咸。

剁椒腊味炒饭 · ⏱ 3分钟 👤 2人份

做法

① 洗净的腊肉切厚片，切条。

② 锅中注入适量的清水，大火烧开，倒入切好的腊肉，搅匀，汆去多余盐分，捞出，沥干水分待用。

③ 热锅注油烧热，倒入腊肉、剁椒，翻炒香，倒入备好的米饭，快速翻炒松散。

④ 加入鸡粉，翻炒匀调味，倒入葱花，翻炒均匀炒出葱香味，关火，将炒好的米饭盛入盘中即可。

广式腊肠鸡蛋炒饭

⏱ 3分钟　　👤 2人份

做法

① 蛋液装碗中，撒上1克盐，搅散、调匀，待用。

② 锅中注入适量清水烧开，放入备好的腊肠，略煮一会儿，氽去多余的盐分，捞出，沥干水分，放凉后切开，改切成小块，待用。

③ 用油起锅，倒入调好的蛋液，炒匀，至其五六成熟后关火，盛出待用。

④ 另起油锅烧热，倒入腊肠，放入冷米饭，炒散，倒入炒过的鸡蛋，炒匀，加入1克盐、鸡粉，撒上葱花，炒匀，至食材熟透。

⑤ 关火后盛出炒熟的米饭，装入碗中，压紧，倒扣在盘中即可。

材料

冷米饭	185克
蛋液	100毫升
腊肠	85克
葱花	少许

调料

盐	2克
鸡粉	少许
食用油	适量

TIPS

炒蛋液时宜选用大火，这样能保持鸡蛋的嫩滑口感。

菠菜叉烧炒饭

⏱ 4分钟　　👤 2人份

材料			调料		
米饭	220克		盐	2克
叉烧肉	130克		鸡粉	2克
菠菜	100克		食用油	适量
葱花	少许			

做法

① 择洗好的菠菜切成小段。

② 叉烧肉切成小块，待用。

③ 热锅注油烧热，倒入叉烧肉，炒香。

④ 倒入备好的葱花、米饭，翻炒松散。

⑤ 倒入菠菜段、盐、鸡粉，翻炒调味，关火，将炒好的米饭装入盘中即可。

TIPS 将菠菜先汆一遍水后再进行炒制，能去除菠菜的涩味。

1

2

3

4

5

鸭肉炒饭

⏱ 4分钟

👤 2人份

材料

叉烧肉	90克
烧鸭肉	130克
蛋液	60毫升
米饭	160克
葱花	少许

调料

生抽	5毫升
盐	2克
鸡粉	2克
食用油	适量

做法

① 备好的叉烧肉切成片；烧鸭肉切成小块，待用。

② 热锅注油烧热，倒入蛋液，翻炒松散，倒入米饭，翻炒松散。

③ 倒入叉烧肉、烧鸭肉，快速翻炒片刻，加入生抽、盐、鸡粉，翻炒入味。

④ 倒入葱花，翻炒出葱香味，关火后将炒好的饭盛入碗中即可。

TIPS 烧鸭肉切得最好大小适中，更方便食用。

豆豉鸡肉炒饭

⏱ 5分钟

👤 3人份

材料		
	冷米饭	270克
	鸡肉末	120克
	胡萝卜	75克
	豆豉	40克
	鲜香菇	25克
	姜末	少许
	葱花	少许

调料		
	盐	少许
	鸡粉	2克
	食用油	适量

做法

① 将洗净的香菇切片，再切丁；去皮洗好的胡萝卜切片，改切条形，再切丁。

② 用油起锅，倒入香菇丁，炒香，放入胡萝卜丁，炒匀，倒入鸡肉末，翻炒一会儿，至其转色，撒上姜末。

③ 放入备好的豆豉，炒出香味，倒入冷米饭，炒散。

④ 加入盐、鸡粉，炒匀调味，撒上葱花，炒出葱香味，关火后盛出炒饭，装在小碗中即可。

黄金炒饭

⏱ 5分钟　👤 3人份

材料			调料		
	冷米饭	350克		盐	2克
	蛋黄	10克		鸡粉	3克
	黄瓜	30克		食用油	适量
	去皮胡萝卜	70克			
	洋葱	80克			

1

2

做法

① 洗净的洋葱切片，改切丁；洗好的黄瓜切丁；洗净的胡萝卜切丁。

② 取一大碗，倒入冷米饭，将鸡蛋黄打散，倒入米饭中，用筷子搅拌均匀，待用。

③ 用油起锅，倒入胡萝卜、黄瓜，翻炒约1分钟至熟，关火后将炒好的菜肴装入盘中备用。

④ 用油起锅，放入洋葱、冷米饭，加入盐、鸡粉，炒匀，放入黄瓜、胡萝卜，翻炒片刻至入味，关火后将炒好的饭装入盘中即可。

3

4

TIPS　米饭最好用隔夜的饭，过了一夜的米饭水分流失了一部分，正好适合做炒饭。

材料	熟米饭	140克
	鱿鱼	60克
	洋葱	50克
	蒜蓉辣椒酱	20克

调料	盐	1克
	鸡粉	1克
	孜然粉	5克
	辣椒粉	5克
	食用油	适量

TIPS

鱿鱼不宜炒久，否则口感会变老，解决的办法是：可先将鱿鱼炒至断生后盛出，最后再回锅一次。

蒜蓉鱿鱼炒饭

⏱ 4分钟　👤 1人份

做法

① 洗好的洋葱切丝；洗净的鱿鱼切条。

② 热锅注油，倒入切好的洋葱，放入切好的鱿鱼，翻炒均匀。

③ 加入孜然粉、辣椒粉，放入蒜蓉辣椒酱。

④ 倒入熟米饭，压散，炒约1分钟至着色均匀。

⑤ 加入盐、鸡粉，翻炒1分钟至入味，关火后盛出炒饭，装盘即可。

金葱鲍鱼粒炒饭

⏱ 5分钟　👤 1人份

做法

① 洗净的洋葱切小块；洗好的香菇切成丁；处理好的鲍鱼切丁。

② 锅中注入清水烧开，放入鲍鱼，氽1分钟，捞出鲍鱼，沥干水分，装入盘中。

③ 用油起锅，放入洋葱块、香菇丁，炒香，倒入米饭，炒散。

④ 倒入蛋液，炒匀，加入生抽、盐、鸡粉，翻炒约2分钟至入味。

⑤ 倒入鲍鱼、葱花，炒匀，关火后盛出炒好的米饭，装入碗中即可。

材料

鲍鱼	60克
冷米饭	160克
洋葱	50克
香菇	3个
蛋液	60毫升
葱花	少许

调料

盐	2克
鸡粉	2克
生抽	5毫升
食用油	适量

TIPS

米饭可以事先放到冰箱里冷藏片刻，这样炒出来的米饭口感更好。

材料	冷米饭	140克
	鸡蛋	2个
	三文鱼	80克
	胡萝卜	50克
	豌豆	30克
	葱花	少许

调料	盐	2克
	鸡粉	2克
	橄榄油	适量

TIPS

三文鱼含有蛋白质、不饱和脂肪酸、维生素B_1、维生素B_2、烟酸、维生素E、钙、磷、钾、钠等营养成分，具有增强脑功能、补充钙质、增强免疫力等功效。

三文鱼炒饭 ⏱5分钟 👤2人份

做法

① 洗净去皮的胡萝卜切成丁；处理干净的三文鱼切成丁。

② 锅中注入适量清水烧开，倒入备好的胡萝卜、豌豆，焯至断生捞出，沥干水分。

③ 鸡蛋打入碗中，打散调匀，制成蛋液，备用。

④ 锅置火上，加入橄榄油烧热，倒入蛋液、三文鱼，翻炒至其变色。

⑤ 倒入冷米饭，放入焯好水的食材，翻炒均匀，加入盐、鸡粉，炒匀调味。

⑥ 撒上少许葱花，翻炒出葱香味，将炒好的食材盛出，装入盘中即可。

CHAPTER 03

一碗大满足，饭菜齐上阵

很简单却很好吃，

饭香菜香，口口鲜香，

懒人必备的花式米饭吃法，

只要几步准备工序，接下来就等着开饭吧！

美美的一餐，今天你想要吃哪一款呢？

材料

水发香菇	100克
水发大米	180克
水发木耳	90克
去皮胡萝卜	30克
葱段	少许
蒜末	少许

调料

盐	1克
鸡粉	1克
生抽	5毫升
水淀粉	5毫升
食用油	适量

TIPS

大米放入砂锅后，可以淋入
少许食用油，这样煮出来的
米饭会更香。

香菇木耳焖饭

⏱ 35分钟　👤 2人份

做法

① 泡好的香菇去蒂，切小块；泡好的木耳切小块；胡萝卜切片。

② 用油起锅，倒入葱段、蒜末，爆香，倒入香菇块，放入木耳块，翻炒数下。

③ 倒入胡萝卜片，翻炒均匀，加入生抽，炒匀，注入约100毫升的清水，搅匀。

④ 加入盐、鸡粉，炒匀，用水淀粉勾芡，盛出炒好的食材，装盘待用。

⑤ 砂锅置火上，注水烧热，倒入泡好的大米，加盖，用大火煮开后转小火焖20分钟
至大米变软，倒入炒好的食材，续焖5分钟至水分收干，关火后盛出即可。

鸡油菌烩饭　🕙10分钟　👤3人份

做法

① 将鸡油菌洗净，沥干水分，备用。

② 黄油放入平底锅中，小火加热至其熔化，加入大蒜末和鸡油菌，中火炒片刻后加入淡奶油。

③ 将米饭倒入锅中，翻炒均匀，加盐、白胡椒粉调味，煮1分钟至入味。

④ 将烩饭盛出，撒上莳萝即可。

材料		
米饭	400克
鸡油菌	150克
大蒜末	10克
莳萝	3克
淡奶油	150毫升

调料		
盐	4克
白胡椒粉	2克
黄油	30克

(TIPS)

鸡油菌与奶油一起烹食会将鸡油菌特别的香味发挥到极致，经常食用可缓解维生素A缺乏所引起的皮肤粗糙、干燥症、夜盲症、视力失常、眼炎等疾病。

电饭锅蘑菇饭　⏱15分钟　👤2人份

材料

蟹味菇	50克
杏鲍菇	50克
金针菇	60克
腊肉	60克
水发大米	250克
朝天椒	40克
白芝麻	5克
香叶、葱碎各少许	

调料

生抽	8毫升
料酒	8毫升
椰子油	10毫升
白胡椒粉	3克

做法

① 洗净的杏鲍菇切丁；洗净的金针菇切去根部，切成小段；洗净的蟹味菇切去根部，用手掰散；腊肉切丁；洗净的朝天椒切成圈。

② 取一个碗，放入腊肉，加入生抽、料酒、白胡椒粉，拌匀，待用。

③ 备好电饭煲，放入泡发好的大米，注入清水，加入香叶、腊肉、蟹味菇、金针菇。

④ 倒入杏鲍菇、朝天椒圈、椰子油，盖上盖，开始煮饭，待饭煮好，盛入碗中，再撒上备好的白芝麻、葱碎即可。

TIPS 白芝麻可事先干炒片刻，味道会更香。

材料		
	水发大米	260克
	蟹味菇	100克
	杏鲍菇	35克
	洋葱	40克
	水发猴头菇	50克
	黄油	30克
	蒜末	少许

调料		
	盐	2克
	鸡粉	少许

TIPS

高压锅中不宜加入太多水，
以免米饭太稀，影响口感。

鸡汤菌菇焖饭　⏱24分钟　👤3人份

做法

① 洗净的洋葱切碎；洗好的杏鲍菇切成丁；洗净的蟹味菇去除根部，再切成小段；
洗好的猴头菇切小块。

② 煎锅置火上烧热，放入黄油，撒上蒜末，放入洋葱末、蟹味菇、猴头菇、杏鲍菇
炒匀，注入清水煮至沸，加入盐、鸡粉，炒匀，盛出炒好的材料，制成酱菜。

③ 取备好的高压锅，倒入洗净的大米，注入适量清水，再放入酱菜，拌匀，用中火
煮约20分钟，至食材熟透，盛出焖熟的米饭，装入碗中即成。

南瓜香香饭

⏱ 30分钟　👤 5人份

做法

① 洗净的南瓜切丁；香菇切成丁；洗好的腊肉切丝。

② 用油起锅，倒入腊肉，炒匀，放入香菇、蒜片、虾米，炒匀。

③ 倒入大米，炒约2分钟至微黄，放入南瓜，炒匀，关火后将炒好的饭装入盘中。

④ 取一电饭煲，倒入炒好的饭、高汤，拌匀，稍煮片刻，加入盐、胡椒粉，拌匀，煲25分钟。

⑤ 打开电饭煲，倒入芹菜末，续煲2分钟至入味，将煲好的饭盛入碗中即可。

材料

水发大米	500克
去皮南瓜	300克
水发香菇	5克
腊肉	30克
虾米	10克
高汤	500毫升
芹菜末	10克
蒜片	少许

调料

盐	2克
胡椒粉	3克
食用油	适量

高汤的水量以刚好没过食材为宜，这样煲出来的饭才会粒粒分明。

青椒炒卤肉盖饭

⏱10分钟　👤2人份

材料			调料		
熟米饭	200克		盐	2克	
卤瘦肉	200克		生抽	4毫升	
青椒	80克		陈醋	适量	
姜末	少许		食用油	少许	
洋葱	150克				

做法

① 青椒切成丝。

② 洋葱切丝。

③ 卤肉切成小块。

④ 锅中注油烧热，放入姜末、洋葱丝炒软。

⑤ 放入青椒，炒匀，放入卤肉块，炒匀，加清水炒匀，最后加入陈醋、盐、生抽、炒匀，放入盛有米饭的碗中。

TIPS 炒卤肉的时候一定要耐心，要把水分全部收干，这样更入味。

1

2

3

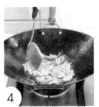
4

5

烧肉拌饭

⏱ 15分钟

👤 3人份

材料

熟五谷饭	255克
菠菜	70克
胡萝卜	85克
白萝卜	90克
包菜	100克
海苔丝	10克
牛肉片	80克
熟黑芝麻	10克
熟白芝麻	10克

调料 盐、料酒、黑胡椒粉、生抽、水淀粉、鸡粉、橄榄油、食用油各适量

做法

① 包菜、胡萝卜、白萝卜均切丝。

② 锅中注入清水烧开，倒入白萝卜丝、胡萝卜丝、包菜丝，焯熟捞出；再加入盐、食用油，倒入菠菜，焯熟捞出，沥干水分。

③ 牛肉片用盐、料酒、黑胡椒粉、生抽、水淀粉腌渍10分钟，放入油锅中煎熟后捞出，装入盘中。

④ 将白萝卜、胡萝卜、包菜、盐、鸡粉、橄榄油拌匀，盖在五谷饭上，放上牛肉片、菠菜、海苔丝，撒上两种熟芝麻即可。

麻婆茄子饭

🕐 14分钟

👤 4人份

材料

茄子	200克
米饭	500克
肉末	200克
姜末	少许
蒜末	少许
葱白	少许
豆瓣酱	20克
花椒	15克

调料

鸡粉	1克
白糖	1克
生抽	5毫升
水淀粉	5毫升
食用油	适量

做法

① 洗净的茄子切粗条，改切成块。

② 热锅注油烧热，倒入茄子，油炸约1分钟至微黄色，捞出。

③ 另起锅注油，倒入肉末，炒拌至转色，加入蒜末、姜末、豆瓣酱，翻炒均匀。

④ 加入生抽，注入清水，放入鸡粉、白糖拌匀，加入水淀粉勾芡，倒入茄子，炒至食材入味，关火后盛出，浇在米饭上。

⑤ 另起锅注油，倒入花椒，油炸片刻淋在菜肴上，撒上葱白即可。

材料	芋头	260克
	瘦肉	120克
	水发大米	200克
	鲜鱿鱼	40克
	海米	20克
	蒜末	少许

调料	料酒	5毫升
	生抽	4毫升
	鸡粉	2克
	盐	2克
	食用油	适量

TIPS

芋头含有蛋白质、胡萝卜素、烟酸、钙、磷、铁、钾、镁、钠等营养成分，具有增强免疫力、益胃、宽肠等功效。

芋头饭

🕒 30分钟　👤 3人份

做法

① 洗净去皮的芋头切成丁；洗好的瘦肉剁成末；处理干净的鱿鱼切条；海米切碎。

② 用油起锅，倒入瘦肉末、蒜末，放入海米、鱿鱼，炒匀，加入盐、鸡粉、料酒、生抽，炒匀，盛出炒好的食材。

③ 砂锅中注入适量清水烧热，倒入洗好的大米，搅匀，放入芋头，搅拌片刻，烧开后用小火煮约15分钟至其变软。

④ 倒入炒好的食材，用小火煮10分钟至食材熟透，关火后盛出煮好的饭即可。

五花肉卷心菜盖饭

🕐 8分钟　👤 2人份

做法

① 将五花肉切成5毫米宽的肉片；卷心菜切成丝。

② 锅中不加油，放入肉片翻炒至出油，盛出，用厨房纸吸掉油分。

③ 加入盐、生抽、白糖、味醂、蒜泥，搅拌均匀。

④ 熟米饭上放焯过水的卷心菜、肉片，淋上汤汁，再撒上白芝麻和海苔丝即可。

材料		
	熟米饭	250克
	五花肉	150克
	卷心菜	100克
	熟白芝麻	适量
	海苔丝	适量
	蒜泥	少许

调料		
	盐	2克
	白糖	2克
	生抽	3毫升
	味醂	3毫升

TIPS

炒五花肉时需用中小火来回翻面，这样才能将五花肉炒至均匀熟透且颜色焦黄。

砂锅饭

⏱ 23分钟　👤 2人份

材料

水发大米200克，豆腐皮85克，培根55克，腊肠70克，荷兰豆40克

调料

盐、鸡粉各2克，食用油适量

做法

① 将洗净的腊肠切片；洗好的豆腐皮切粗丝；培根切长段。

② 砂锅中注入清水烧热，倒入大米，搅散，煮约20分钟；用油起锅，放入腊肠、培根、荷兰豆、豆腐皮、盐、鸡粉炒匀，盛入砂锅中焖煮片刻即成。

葱香腊肠饭

⏱ 33分钟　👤 1人份

材料

水发大米150克，腊肠70克，葱花少许

做法

① 将腊肠切片；大米装入碗中，加适量清水。

② 蒸锅加水烧开，放入大米，盖上锅盖，用大火蒸25分钟至熟。

③ 揭盖，放上腊肠，摆放均匀，再加盖，继续蒸约5分钟。

④ 揭盖，把蒸好的腊肠饭取出，撒上葱花即可。

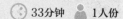

腊肠土豆焖饭

⏱ 40分钟

👤 2人份

材料

去皮土豆	140克
水发大米	135克
腊肠	90克
干辣椒	10克
葱段	少许
蒜末	少许

调料

盐	1克
鸡粉	1克
生抽	3毫升
水淀粉	5毫升
食用油	适量

做法

① 土豆切块；洗净的腊肠切片。

② 用油起锅，倒入葱段、蒜末和干辣椒，爆香，放入腊肠片、土豆块，炒匀，加入生抽，注入清水至刚好没过食材，搅匀，大火煮开后转小火续煮10分钟。

③ 加入盐、鸡粉炒匀，用水淀粉勾芡，关火后盛出土豆和腊肠。

④ 砂锅置火上，注水烧热，倒入大米，加入食用油，煮开后转小火焖20分钟，倒入炒好的土豆和腊肠，续焖5分钟至水分收干即可。

广式腊味煲仔饭

⏱ 43分钟　👤 3人份

材料

水发大米	350克
腊肠	75克
姜丝	少许
鸡蛋	1个
上海青	65克

调料

盐	3克
鸡粉	2克
食用油	适量

做法

① 将洗净的腊肠用斜刀切片；洗好的上海青对半切开。

② 锅中注入清水烧开，放入上海青，加入盐、食用油，用大火煮约1分钟，至食材断生后捞出，沥干水分，再用盐、鸡粉腌渍一会儿，使其入味。

③ 砂锅置火上烧热，刷上一层食用油，注入适量清水，用大火烧热，放入洗净的大米，搅散。

④ 盖上盖，烧开后转小火煮约30分钟，至米粒变软，压出一个圆形的窝，放入腊肠片，再打入鸡蛋，撒上姜丝。

⑤ 盖上盖，用小火焖约10分钟，至食材熟透，关火后放入腌好的上海青，取下砂锅即成。

TIPS 在砂锅中食用油可多放一些，这样煮的时候不易煳锅。

1

2

3

4

5

材料		
	西红柿	200克
	腊肠	100克
	水发大米	300克
	葱花	少许

调料		
	盐	1克
	食用油	适量

TIPS

西红柿含有钙、磷、铁、胡萝卜素、B族维生素、维生素C、苹果酸、柠檬酸等营养物质，具有促进消化、开胃消食、美白肌肤等功效。

西红柿腊肠煲仔饭　⏱ 27分钟　👤 3人份

做法

① 腊肠斜刀切片；在洗净的西红柿底部划上十字刀。

② 锅中注水烧开，放入西红柿，稍煮一会儿，使西红柿外皮易于剥落。

③ 取出煮泡的西红柿，稍凉凉后剥去外皮，对半切开，切去蒂，切小瓣。

④ 砂锅注水，倒入泡好的大米，拌匀，用大火煮开后转小火续煮20分钟至熟软。

⑤ 倒入切好的西红柿，放入切好的腊肠，铺均匀，加入食用油、盐。

⑥ 用小火焖5分钟至熟软，关火后盛出焖饭，装在小砂锅中，撒上葱花即可。

清蒸排骨饭　⏱20分钟　👤1人份

做法
① 洗净的上海青对半切开。
② 把洗好的排骨段放入碗中，加1克盐、鸡粉、生抽，撒上蒜末，淋入料酒，放入生粉，拌匀，淋入芝麻油，拌匀，装入蒸盘，腌渍片刻。
③ 锅中注水烧开，加2克盐、食用油，略煮一会儿，放入上海青，拌匀，煮约半分钟，捞出上海青，沥干水分。
④ 蒸锅上火烧开，放入蒸盘，用中火蒸约15分钟，取出蒸盘，放凉待用。
⑤ 将米饭装入盘中，摆上焯熟的上海青，放入蒸好的排骨，点缀上葱花即可。

材料		
	米饭	170克
	排骨段	150克
	上海青	70克
	蒜末	少许
	葱花	少许

调料		
	盐	3克
	鸡粉	3克
	生抽	适量
	料酒	适量
	生粉	适量
	芝麻油	适量
	食用油	适量

TIPS

排骨含有蛋白质、维生素、磷酸钙、骨胶原、骨粘连蛋白等营养成分，具有增强免疫力、补充钙质、滋阴补血等功效。

香菇牛肉饭

🕐 20分钟

👤 1人份

材料

香菇	40克
牛肉	80克
洋葱	70克
米饭	100克

调料

盐	2克
水淀粉	5毫升
食用油	适量

做法

① 洗净的洋葱切粒；洗净的香菇切粒；洗净的牛肉切粒，待用。

② 用油起锅，倒入洋葱粒，翻炒匀，放入牛肉粒，炒约30秒至稍微转色。

③ 加入香菇粒，翻炒数下，注入适量清水至稍稍没过食材。

④ 倒入米饭，压散搅匀，加入盐，搅匀，用大火煮4分钟。

⑤ 放入水淀粉，搅匀，稍焖1分钟至汁液黏稠，将煮好的香菇牛肉饭装碗即可。

洋葱牛肉盖饭

🕐 12分钟

👤 1人份

材料 熟米饭　100克
　　　牛肉丝　100克
　　　洋葱　　20克

调料 盐　　　1克
　　　生抽　　10毫升
　　　水淀粉　10毫升
　　　食用油　适量

做法

① 牛肉丝中加入0.5克盐、5毫升生抽、5毫升水淀粉抓匀，腌渍片刻。

② 洋葱用水洗净，切丝。

③ 油锅加热，放入牛肉丝及洋葱炒熟，加入0.5克盐、5毫升生抽，炒匀。

④ 加入5毫升水淀粉勾芡，盛出盖在熟米饭上即可。

TIPS 牛肉中含有丰富的维生素B$_6$，可增强免疫力，促进蛋白质的新陈代谢和合成，从而有助于紧张训练后体力的恢复，很适宜体力透支者食用。

胡萝卜鸡肉饭

⏱ 6分钟　👤 2人份

材料			调料		
熟米饭	350克		盐	5克
鸡肉	250克		鸡粉	8克
胡萝卜	100克		橄榄油	20毫升
红椒	20克		黑胡椒粉	适量

做法

① 红椒切圈；胡萝卜切丝；将鸡肉切块。

② 锅中注入适量清水，用大火烧开，放入鸡肉，稍煮一下，捞出，沥干水分。

③ 锅中注入橄榄油烧热，放入红椒、胡萝卜翻炒片刻。

④ 放入熟米饭、鸡肉，续炒一会儿。

⑤ 加盐、鸡粉，撒入黑胡椒粉调味即可。

TIPS 鸡肉可以提前一天腌渍好或卤好，味道更佳且更省时。

 1
 2
 3
 4
 5

上海鸡饭煲

⏱ 40分钟　👤 1人份

材料			调料		
	水发大米	110克		盐	2克
	鸡肉块	200克		鸡粉	2克
	蒜末	少许		料酒	5毫升
	姜片	少许		生抽	5毫升
	桂皮	2片		水淀粉	5毫升
	八角	2个		食用油	适量
	葱段	适量			

1

2

做法

① 沸水锅中倒入洗净的鸡肉块，氽片刻，去除血水，捞出，沥干水份。

② 热锅注油烧热，倒入葱段、姜片、桂皮、八角，爆香，倒入鸡肉块，炒匀，淋上料酒、生抽，炒匀。

③ 注入适量的清水，加入盐，大火煮开后转小火焖10分钟，倒入蒜末，加入鸡粉，拌匀，用水淀粉勾芡，盛入盘中，待用。

④ 砂锅注水，倒入大米，大火煮开后转小火煮20分钟至米饭熟软，倒入鸡肉块，大火焖5分钟即可。

3

4

 TIPS
鸡肉质地细嫩，味道鲜美，富含蛋白质，而且它易消化，容易被人体吸收，具有温中益气、补虚填精、健脾胃、增强免疫力等功效。

三鲜烩饭

⏱ 15分钟

👤 1人份

材料

白米饭	150克
虾仁	30克
猪肉片	30克
文蛤	30克
花菜	30克
胡萝卜片	10克
木耳片	10克
葱段	适量

调料

高汤	适量
盐	适量
蚝油	适量
水淀粉	适量
食用油	适量

做法

① 文蛤、虾仁处理干净；花菜洗净切朵，焯烫。

② 油烧热，爆香葱段，文蛤、猪肉片、虾仁、胡萝卜片、木耳片、花菜入锅略炒。

③ 加入高汤、清水、盐、蚝油，待汤煮滚后，加水淀粉勾芡，并用锅勺搅拌，再次沸腾，盛出，淋在盛有白米饭的盘中即可。

麦门冬牡蛎烩饭

⏱ 12分钟

👤 1人份

材料
麦门冬	15克
鸡蛋	1个
玉竹	5克
牡蛎	200克
熟米饭	1碗
马蹄	20克
芹菜	10克
豆腐	适量
青豆	适量
胡萝卜	适量

调料
盐	适量
胡椒粉	适量
淀粉	适量

做法

① 将麦门冬、玉竹入锅中，加水熬成高汤。

② 牡蛎洗净沥干，加入淀粉、盐拌匀，腌渍片刻。

③ 胡萝卜、马蹄、豆腐切丁，放入高汤中煮沸，加入盐、胡椒粉，拌匀调味。

④ 放入牡蛎、青豆、芹菜及鸡蛋炒熟，倒在熟米饭上即成。

<table>
<tr><td rowspan="5">材料</td><td>冷米饭</td><td>400克</td></tr>
<tr><td>干木鱼</td><td>10克</td></tr>
<tr><td>去皮胡萝卜</td><td>60克</td></tr>
<tr><td>蒜末</td><td>少许</td></tr>
<tr><td>姜末</td><td>少许</td></tr>
</table>

材料	冷米饭	400克
	干木鱼	10克
	去皮胡萝卜	60克
	蒜末	少许
	姜末	少许

调料	生抽	3毫升
	椰子油	3毫升
	料酒	3毫升
	胡椒粉	2克

TIPS

胡萝卜含有蛋白质、维生素A、B族维生素、蔗糖、葡萄糖、淀粉以及钾元素、钙元素、磷元素等营养成分，具有开胃消食、增强机体免疫力、保护视力、预防癌症等作用。

干木鱼蒸饭 ⏱10分钟 👤2人份

做法

① 洗净的胡萝卜切片，切丝，改切成丁。

② 往备好的碗中，放入冷米饭、胡萝卜丁，拌匀，加上生抽、料酒、椰子油、姜末、蒜末、胡椒粉，拌匀。

③ 撒上5克干木鱼，充分拌匀，盛入备好的碗中。

④ 电蒸锅注水烧开，放上米饭，蒸8分钟，取出米饭，撒上5克干木鱼即可。

CHAPTER 04

杂粮味，记忆中的旧时谷香

杂粮饭营既养又健康，
但肠胃不好的朋友，担心它不易消化；
小朋友，觉得杂粮饭不好吃，"众口难调"啊！
别急，只要在食材和烹饪方法上多下点儿功夫，
这些问题就迎刃而解了！

材料	熟藜麦	350克
	南瓜	100克
	牛奶	75毫升
	鸡胸肉	200克
	鲜百里香	少许

调料	盐	3克
	胡椒粉	3克

一般质量好的鸡肉颜色白里透红，有亮度，手感光滑。

南瓜拌藜麦　⏱10分钟　👤3人份

做法

① 南瓜去皮切块。

② 鸡胸肉洗净，剁成泥。

③ 鸡肉中加入盐、胡椒粉，拌匀制成鸡肉馅，捏成数个小团子；将南瓜块、鸡肉团子蒸熟。

④ 将蒸好的所有食材放入装有熟藜麦的碗中，加入牛奶，拌匀。

⑤ 放上鲜百里香点缀装饰即可。

藜麦蔬菜饭

⏱ 15分钟　👤 1人份

做法

① 将藜麦用饭锅蒸熟；羊乳酪加热至其熔化。

② 黑橄榄处理好，番茄洗净切成小块；芹菜洗净后切成片；洗净的洋葱切成丝；青椒切成块。

③ 锅中注水烧开，放入番茄、芹菜、洋葱、青椒，焯好捞出。

④ 取一碗，放入蒸好的藜麦、黑橄榄、焯好的食材，调入香料、盐、胡椒粉，加入羊乳酪，拌匀即成。

材料

黑橄榄	30克
番茄	60克
芹菜	50克
洋葱	50克
青椒	50克
藜麦	100克

调料

羊乳酪	10克
香料	5克
盐	2克
胡椒粉	适量

TIPS

此藜麦蔬菜饭中加入了30克的黑橄榄，因为黑橄榄含有的盐分较高，因此要适当少放食用盐。

红薯糙米饭

⏱ 57分钟 👤 2人份

材料

水发糙米220克，红薯150克

做法

① 将去皮洗净的红薯切片，再切条形，改切丁。

② 锅中注入适量清水烧热，倒入洗净的糙米，拌匀，盖盖，烧开后转小火煮约40分钟，至米粒变软。

③ 倒入红薯丁，搅散、拌匀，用中小火煮约15分钟，至食材熟透，搅拌几下，关火后盛出煮好的糙米饭，装在碗中，稍微冷却后食用即可。

糙米凉薯枸杞饭

⏱ 63分钟 👤 1人份

材料

凉薯80克，泡发糙米100克，枸杞5克

做法

① 将泡发好的糙米倒入碗中，加入适量清水，没过糙米1厘米处。

② 蒸锅中注入适量清水烧开，放入装好糙米的碗。

③ 盖上盖，大火隔水煮40分钟，至糙米熟软。

④ 揭盖，放入切好的凉薯，铺平，撒上枸杞，转中火继续隔水煮20分钟。

⑤ 关火，取出炖好的饭即可。

薏米山药饭

🕐 35分钟

👤 2人份

材料
水发大米	160克
水发薏米	100克
山药	160克

做法

① 将洗净去皮的山药切片，再切成条，改切成丁，备用。

② 砂锅中注入适量清水烧开。

③ 倒入洗好的大米、薏米。

④ 放入切好的山药，拌匀。

⑤ 盖上锅盖，煮开后用小火煮30分钟至食材熟透。

⑥ 关火后揭开锅盖，盛出煮好的粥，装入碗中即可。

TIPS 山药切好后可以泡在淡盐水中，能防止其氧化变黑。

材料		
	水发薏米	50克
	水发大米	30克
	土豆	80克
	胡萝卜	50克
	青豆	50克
	葱花	少许

调料		
	盐	适量

TIPS

薏米含有糖类、蛋白质、脂肪和不饱和脂肪酸等成分，营养价值很高，具有利水、清热、降压、利尿、健脾胃、强筋骨等功效。

蔬菜薏米饭 ⏱30分钟 👤2人份

做法

① 土豆、胡萝卜均洗净去皮，切成丁。

② 将水发薏米、水发大米、土豆、胡萝卜均放入电饭锅中，加入适量清水、盐，煮至食材熟透。

③ 放入青豆，焖至熟透，撒入葱花，盛入碗中，拌匀食用即可。

薏米牛肉饭　⊙ 35分钟　👤 1人份

做法

① 胡萝卜均洗净去皮，切成丁；牛肉洗净，切成块。

② 将切好的牛肉放入碗中，加入盐、生抽、淀粉，拌匀，腌渍片刻。

③ 将水发薏米、水发大米、牛肉、胡萝卜均放入电饭锅中，加入适量清水，煮至食材熟透，盛入碗中，拌匀食用即可。

材料		
水发薏米	60克
水发大米	20克
牛肉	100克
胡萝卜	50克

调料		
盐	适量
生抽	适量
淀粉	适量

(TIPS)

薏米含有的多糖具有抗氧化的作用，能够改善糖尿病患者的免疫功能，是糖尿病患者的首选食材。

黄米大枣饭

🕐 70分钟

👤 1人份

材料
水发黄米	180克
大枣	25克
红糖	50克

做法

① 洗净的大枣切开，去核，把枣肉切成小块。

② 洗好的黄米倒入碗中，倒入枣肉，放入25克红糖，混合均匀。

③ 将混合好的食材转入另一个碗中，撒上25克红糖，加入适量清水，备用。

④ 将备好的食材全部放入烧开的蒸锅中，盖上盖，用中火蒸1小时，至食材熟透。

⑤ 揭开盖，取出蒸好的米饭即可。

TIPS

大枣含有蛋白质、有机酸、维生素等营养成分。此外，其还含有一种葡萄糖苷，有镇静、助眠和降血压等作用，对于燥郁、失眠等症状有食疗作用。

黑米燕麦饭

 8分钟

👤 2人份

材料

火腿肠	50克
蛋液	60毫升
紫菜	10克
熟薏米	75克
熟黑米	70克
米饭	80克
熟燕麦	60克

调料

生抽	5毫升
盐	2克
鸡粉	2克
食用油	适量

做法

① 火腿肠切成粗条，切成丁。

② 热锅注油烧热，倒入蛋液，翻炒松散。

③ 加入火腿肠丁、熟薏米、熟黑米、米饭、熟燕麦，翻炒松散。

④ 淋入生抽，翻炒上色，加入盐、鸡粉，翻炒至入味。

⑤ 倒入紫菜，快速翻炒松散，关火后将炒好的饭盛入碗中即可。

燕麦五宝饭

🕐 45分钟　👤 2人份

材料

水发大米120克，水发黑米60克，水发红豆45克，水发莲子30克，燕麦40克

做法

① 砂锅中注入适量清水烧热，倒入洗好的大米、黑米、莲子。

② 将洗净的红豆、燕麦放入锅中，搅拌均匀。

③ 盖上盖，烧开后用小火煮40分钟至熟，关火后揭开盖，将煮熟的饭盛出即可。

苦瓜荞麦饭

🕐 42分钟　👤 1人份

材料

水发荞麦100克，苦瓜120克，大枣20克

做法

① 砂锅中注入适量清水烧开，倒入切好的苦瓜，焯30秒。

② 将焯好的苦瓜捞出，沥干水分。

③ 取一个蒸碗，分层次放入荞麦、苦瓜、大枣，铺平，倒入适量清水，使水没过食材约1厘米的高度。

④ 蒸锅中注入清水烧开，放入蒸碗，中火炖40分钟至食材熟软，关火后取出蒸碗即可。

大麦杂粮饭

🕐 62分钟

👤 2人份

材料

水发大麦	100克
水发薏米	50克
水发红豆	50克
水发绿豆	50克
水发小米	50克
水发燕麦	50克

做法

① 取一碗，倒入洗净的绿豆、燕麦、大麦。

② 加入薏米、红豆、小米，拌匀。

③ 蒸锅中注入适量清水烧开，放上杂粮饭。

④ 加盖，大火蒸1小时至食材熟透。

⑤ 揭盖，关火后取出杂粮饭，待凉即可食用。

 TIPS 可以根据自己的喜好，加入白糖或盐调味。

黄豆芽	70克
水发糯米	110克
奶酪	25克

TIPS

奶酪可加热熔化后再倒入，
味道会更均匀。

起司糯米饭 ⏱ 23分钟 👤 1人份

做法

① 择洗好的黄豆芽切成小段，待用。

② 奶锅中注入适量的清水大火烧开。

③ 倒入备好的糯米、黄豆芽，拌匀。

④ 注入适量的清水，再次搅拌匀，大火煮开后转小火焖15分钟。

⑤ 倒入奶酪，稍稍搅拌，再次焖5分钟至入味，将焖好的米饭盛出装入碗中即可。

洋芋饭 🕐22分钟 👤2人份

做法

① 洗净去皮的土豆切成片，改切成条，再切小丁。

② 热锅注油烧热，倒入土豆，翻炒片刻。

③ 注入适量的清水，加入大米、盐，搅拌匀，煮开后转小火煮15分钟。

④ 沿锅边注入适量食用油，小火续焖5分钟至米饭熟软，关火，将煮好的饭盛出装
　入碗中即可。

材料

水发大米	150克
土豆	250克

调料

盐	适量
食用油	适量

(TIPS)

土豆含有淀粉、蛋白质、粗纤维、脂肪等成分，具有润肠通便、增强免疫力、加速代谢等功效。土豆还含有禾谷类粮食中所没有的胡萝卜素和抗坏血酸。从营养角度来看，它比大米、面粉具有更多的优点，能供给人体大量的热能，可称为"十全十美的食物"。

胡萝卜黑豆饭

⏲ 28分钟　👤 1人份

材料

水发黑豆	60克
豌豆	60克
水发大米	100克
胡萝卜	65克

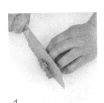

做法

① 洗净去皮的胡萝卜切厚片，切条，再切丁。

② 奶锅注入适量的清水大火烧开，倒入黑豆、豌豆，稍稍搅拌，余片刻，捞出，沥干水分，放凉，将黑豆和豌豆混合在一起细细切碎，待用。

③ 奶锅中注入适量的清水大火烧开，倒入泡好的大米，放入黑豆和豌豆碎，加入胡萝卜，搅拌匀。

④ 用大火煮开，撇去浮沫，转小火，盖上锅盖，煮20分钟，关火，静置5分钟，掀开锅盖，将饭盛出装入碗中即可。

Ⓣ TIPS　如果孩子不喜欢胡萝卜味，可事先将胡萝卜余一道水，味道就不会那么重了。

材料 ——
水发大米	250克
水发莲子	50克
水发芡实	40克

TIPS

莲子含有蛋白质、莲心碱、维生素C、钙、磷、铁等营养成分，具有清热解毒、养心安神、益肾固精等功效。

莲子芡实饭

🕐 32分钟　👤 2人份

做法

① 砂锅置于火上，倒入备好的大米、莲子、芡实，搅拌匀。

② 注入适量清水。

③ 盖上盖，用小火焖30分钟至食材熟透。

④ 关火后揭盖，盛出焖煮好的莲子芡实饭，装入碗中即可。

红豆芝麻饭

⏲ 35分钟　👤 1人份

做法

① 砂锅中注入适量清水，用大火烧热。

② 倒入备好的红豆、大米，搅拌均匀。

③ 盖上锅盖，烧开后用小火煮约30分钟至食材熟软。

④ 揭开锅盖，关火后盛出煮好的饭，撒上适量黑芝麻，拌匀即可。

材料

水发红豆	70克
水发大米	150克
熟黑芝麻	适量

TIPS

红豆含有脂肪酸、糖类、维生素A、维生素B_1、维生素B_2、烟酸、植物甾醇、三萜皂苷等营养成分，具有养颜美容、健脾胃、利水消肿等功效。

红豆玉米饭

⏱ 31分钟　👤 2人份

材料

鲜玉米粒85克，水发红豆75克，水发大米200克

做法

① 砂锅中注入适量清水，用大火烧热。

② 倒入备好的红豆、大米，搅拌均匀，放入洗好的玉米粒，拌匀。

③ 盖上锅盖，烧开后用小火煮约30分钟至食材熟软，揭开锅盖，关火后盛出煮好的饭即可。

绿豆饭

⏱ 48分钟　👤 2人份

材料

水发大米170克，水发绿豆100克

做法

① 砂锅中注入适量清水烧热，倒入洗净的绿豆。

② 放入洗好的大米，搅散。

③ 盖上盖，烧开后转小火煮约45分钟，至食材熟透。

④ 揭盖，搅拌一会儿，关火后盛出煮熟的米饭。

⑤ 装在碗中，稍微冷却后食用即可。

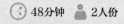

绿豆薏米饭

⏱ 50分钟

👤 2人份

材料

水发绿豆	70克
水发薏米	75克
米饭	170克
胡萝卜丁	50克
芦笋丁	50克

调料

盐	1克
鸡粉	1克
生抽	5毫升
食用油	适量

做法

① 沸水锅中倒入泡好的绿豆，放入泡好的薏米，用大火煮开后转中火续煮30分钟至熟软，关火后盛出绿豆和薏米，装盘待用。

② 用油起锅，倒入胡萝卜丁，炒匀，放入芦笋丁，翻炒均匀。

③ 放入煮好的绿豆和薏米，炒匀，倒入米饭，压散，炒约1分钟至食材熟软。

④ 加入生抽，翻炒均匀，加入盐、鸡粉，炒匀调味，关火后将炒饭装碗即可。

多彩豆饭

⏱ 65分钟　👤 3人份

材料

水发大米	100克
水发绿豆	100克
水发燕麦	100克
水发黑豆	100克
水发红豆	100克
水发薏米	100克
白芝麻	少许

调料

白糖	适量

做法

① 砂锅置火上，倒入洗好的黑豆、红豆、薏米，关火后端下砂锅，放凉待用。

② 倒入洗净的燕麦、绿豆、大米，搅拌均匀，注入适量清水，用大火煮开后转小火煮1小时至食材熟软。

③ 将白糖加入白芝麻中，搅拌匀。

④ 取适量杂粮饭，捏成饭团，放入盘中。

⑤ 将剩余的杂粮饭依次捏成饭团，在饭团上撒上拌好的白糖芝麻即可。

TIPS 黑豆含有蛋白质、不饱和脂肪酸、胆碱、叶酸、皂苷及多种维生素、矿物质，具有补肾益阴、健脾利湿、清热解毒等功效。

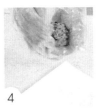
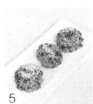

1　2　3　4　5

材料

水发大米　50克
水发白扁豆20克
水发红豆　15克
豌豆　　　30克

TIPS

大米含有蛋白质、维生素、谷维素、花青素等营养成分，具有补中益气、健脾养胃、益精强志等功效，在给宝宝食用时可以磨碎烹制，会更易吸收。

什锦豆饭　⏲45分钟　👤1人份

做法

① 砂锅中注入适量的清水，大火烧开。

② 倒入泡发好的大米、白扁豆、红豆，搅拌匀。

③ 盖上锅盖，大火煮开后转小火煮10分钟。

④ 掀开锅盖，倒入备好的豌豆，拌匀。

⑤ 盖上锅盖，用小火续煮30分钟至熟软。

⑥ 掀开锅盖，将煮好的饭盛出装入碗中即可。

滋养好粥，口口软糯易消化

民以食为天，食以粥为先！

经常大鱼大肉，有时候也会惦记一点儿清淡的粥，

蔬菜粥、海鲜粥、五谷粥……

浓稠软糯，入口鲜美，

这样干燥的季节必须得来一碗！

花菜香菇粥

🕐 57分钟

👤 2人份

材料

西蓝花	100克
花菜	80克
胡萝卜	80克
大米	200克
香菇	少许
葱花	少许

调料

盐　2克

做法

① 胡萝卜去皮洗净切丁；香菇洗净切条；花菜、西蓝花均洗净，去除菜梗，再切成小朵。

② 砂锅中注入适量清水烧开，倒入洗好的大米，用大火煮开后转小火煮40分钟。

③ 倒入香菇、胡萝卜、花菜、西蓝花拌匀，续煮至食材熟透。

④ 调入盐，拌匀后盛出煮好的粥，装入碗中，撒上葱花即可。

猴头菇香菇粥

⏱ 52分钟

👤 1人份

材料

水发大米	100克
鲜香菇	55克
猴头菇	20克

调料

盐	少许

做法

① 将洗净的香菇切条形；洗好的猴头菇撕成小块。

② 砂锅中注水烧热，倒入猴头菇、大米，加盖，大火烧开后改小火煮至米粒变软。

③ 倒入香菇拌匀，用小火续煮至食材熟透，调入盐。

④ 转中火略煮，关火后盛出煮好的香菇粥，装在碗中即成。

TIPS 猴头菇撕小块后最好再浸泡一会儿，这样粥的味道会更香。

鼠尾草南瓜粥

🕐 35分钟　👤 1人份

材料

水发大米	100克
南瓜	100克
鼠尾草	适量

调料

鸡骨高汤	400毫升
盐	3克
白胡椒粉	少许
鸡粉	少许

做法

① 将南瓜洗净削皮切成块。

② 将南瓜放入锅中煮熟后捞出，部分南瓜粒压碎成泥，装碗待用，另留一部分做装饰用。

③ 将鸡骨高汤注入烧热的锅中，将水发大米倒入锅中拌匀。

④ 将南瓜泥与洗净的鼠尾草倒入锅中，拌匀。

⑤ 加盖煮25分钟至熟，揭盖加入盐、白胡椒粉、鸡粉调味，煮约3分钟之后盛出，放上鼠尾草装饰即可。

TIPS 切南瓜时要切薄一点儿，这样容易熟，也可节省烹煮时间。

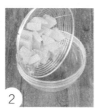

1　　2　　3　　4　　5

香菇瘦肉粥

⏱ 25分钟

👤 2人份

材料

水发大米	400克
香菇	10克
瘦肉	50克
蛋清	20毫升
姜末	少许
葱花	少许

调料

盐	2克
鸡粉	3克
胡椒粉	适量

做法

① 洗净的瘦肉切成末；洗好的香菇切丝，改切成丁。

② 砂锅中注入适量清水烧开，倒入大米，拌匀，大火煮20分钟至米粒变软。

③ 放入瘦肉、香菇、姜末，拌匀，续煮3分钟至食材熟软。

④ 加入盐、鸡粉、胡椒粉，拌匀，倒入蛋清，放入葱花，拌匀，将煮好的粥盛出即可。

丝瓜排骨粥

⏱ 65分钟

👥 2人份

材料

猪骨	200克
丝瓜	100克
虾仁	15克
大米	200克
水发香菇	5克
姜片	少许

调料

料酒	8毫升
盐	2克
鸡粉	2克
胡椒粉	2克

做法

① 洗净去皮的丝瓜切成滚刀块；洗好的香菇切成丁。

② 锅中注水烧开，放入洗净的猪骨、料酒，汆去血水，捞出。

③ 砂锅中注水烧热，倒入猪骨、姜片、大米、香菇搅匀，烧开后转中火煮45分钟，倒入虾仁搅匀。

④ 续煮15分钟，倒入丝瓜，煮至熟软，调入盐、鸡粉、胡椒粉。

⑤ 煮至食材入味，盛出即可。

鸡肉枸杞粥

⏱ 50分钟　👤 1人份

材料			调料		
鸡胸肉	120克		盐	3克
水发大米	100克		水淀粉	3毫升
枸杞	适量		鸡粉	适量
香菜	适量		胡椒粉	适量
			食用油	适量

1

2

做法

① 洗净的鸡胸肉切成丝。

② 把切好的鸡肉装入碗中，放入1克盐、鸡粉，抓匀，倒入水淀粉，抓匀，注入适量食用油，腌渍10分钟。

③ 砂锅中注入700毫升清水烧开，倒入大米，搅拌匀，盖上盖，烧开后用小火煮30分钟至大米熟软。

④ 揭盖，倒入鸡肉丝，拌匀，小火煮约1分钟。

⑤ 加入2克盐、胡椒粉，放入枸杞，用锅勺拌匀调味，把煮好的粥盛出，装入碗中，点缀上香菜即可。

3

4

5

TIPS　鸡肉片入锅后不能煮制太久，以免肉质过老，影响成品口感。

材料	鸡胸肉	180克
	水发大米	200克
	胡萝卜	60克
	香菜叶	适量

调料	盐	3克
	水淀粉	3毫升
	胡椒粉	适量
	食用油	适量

TIPS

鸡肉含有丰富的蛋白质，而且易消化，很容易被人体吸收利用。

胡萝卜鸡肉粥　　⏱30分钟　👤2人份

做法

① 胡萝卜去皮切成丁；香菜叶切碎。

② 洗净的鸡胸肉切成片，装入碗中，放入1克盐抓匀，倒入水淀粉，抓匀，注入适量食用油，腌渍10分钟。

③ 砂锅中注水烧开，倒入大米拌匀，盖上盖，烧开后用小火煮至大米熟软。

④ 揭盖，放入胡萝卜，倒入鸡肉片，拌匀，小火煮约1分钟。

⑤ 加入2克盐、胡椒粉，放入香菜碎，拌匀，把煮好的粥盛出，装入碗中即可。

鸡肉浓粥

⏱ 35分钟 👤 1人份

做法

① 洗净的鸡胸肉剁成末；莳萝草切碎。

② 鸡肉末中放入1克盐抓匀，注入适量食用油，拌匀。

③ 砂锅中注入高汤烧开，倒入大米，搅拌匀，盖上盖，烧开后用小火煮30分钟至大米熟软。

④ 揭盖，放入鸡肉末和莳萝草碎，拌匀，小火煮约2分钟。

⑤ 加入2克盐、胡椒粉，拌匀，把煮好的粥盛出，装入碗中即可。

材料

鸡胸肉	100克
水发大米	100克
高汤	700毫升
莳萝草	适量

调料

盐	3克
胡椒粉	适量
食用油	适量

TIPS

鸡肉中含有对人体生长发育有重要作用的磷脂类、矿物质及多种维生素，有增强体力、强壮身体等作用。

上海青鸡丝干贝粥

⏱ 42分钟 👤 2人份

材料

水发大米220克，熟鸡胸肉50克，上海青45克，干贝碎30克

调料

盐2克，鸡粉少许

做法

① 上海青洗净切细丝；鸡胸肉撕成丝。

② 砂锅注水烧热，倒入大米、干贝碎拌匀，烧开后用小火煮至米粒变软。

③ 倒入鸡肉丝，用小火煮至食材熟透。

④ 调入盐、鸡粉，倒入上海青，煮至断生，关火后盛出煮好的粥即成。

草鱼干贝粥

⏱ 52分钟 👤 2人份

材料

大米200克，草鱼肉100克，水发干贝10克，姜片、葱花各少许

调料

盐2克，鸡粉3克，水淀粉适量

做法

① 草鱼肉洗净切片，用1克盐、水淀粉腌渍。

② 砂锅注水烧开，倒入大米拌匀，用大火煮开后转小火煮20分钟。

③ 倒入干贝、姜片，续煮30分钟。

④ 放入草鱼肉，调入1克盐、鸡粉，略煮片刻，关火后盛出，撒上葱花即可。

香菜鲇鱼粥

⏱ 35分钟

👤 3人份

材料
鲇鱼	200克
大米	300克
姜丝	少许
香菜末	少许
枸杞	少许

调料
盐	2克
鸡粉	1克
水淀粉	少许

做法

① 洗好的鲇鱼斜刀切片，往鱼片里加入1克盐、水淀粉，拌匀，腌渍一会儿。

② 砂锅中注水，倒入大米，加盖，大火煮开后转小火煮至大米熟软。

③ 揭盖，搅拌一下，倒入枸杞、腌好的鱼片，放入姜丝，加入1克盐、鸡粉，拌匀，稍煮3分钟至入味。

④ 关火后盛出煮好的粥，装在碗中，撒上香菜末点缀即可。

竹荚鱼拌菇粥

⏱ 48分钟　👤 1人份

材料

竹荚鱼	100克
美白菇	80克
凉米饭	180克
黄瓜	70克
蒜末	少许

调料

盐	3克
鸡粉	3克
白糖	2克
陈醋	4毫升
芝麻油	3毫升

做法

① 将洗净的黄瓜切成丝；洗净的美白菇切段；竹荚鱼装于盘中，放入烧开的蒸锅里，用大火蒸20分钟，将蒸好的竹荚鱼取出。

② 砂锅注入清水烧开，倒入凉米饭，搅散，用小火煮20分钟，把煮好的米粥盛出装入碗中。

③ 把蒸鱼汤汁倒入锅中，加适量清水，放入米粥、美白菇，拌匀，放入盐、1克鸡粉，拌匀，煮约3分钟，将米粥盛出装入碗中。

④ 将竹荚鱼斩件，剔掉鱼骨，切成小块，鱼块装入碗中。

⑤ 放入蒜末、白糖、陈醋、2克鸡粉、芝麻油，搅拌均匀，摆放在米粥上，再放上黄瓜丝即可。

TIPS 竹荚鱼含有DHA和EPA，有利于脑细胞的再生，提高记忆力，预防老年痴呆症，适合儿童和老年人经常食用。

1　2　3　4　5

材料	鲜鱼肉	150克
	燕麦片	130克
	芹菜	30克
	姜	5克
	枸杞	适量
	葱丝	适量
调料	盐	2克

TIPS

燕麦含有皂苷素，可以调节人体的肠胃功能，降低血液中的胆固醇含量，经常食用燕麦能有效地预防高血压。

鲜鱼燕麦粥

⏱ 30分钟　👤 1人份

做法

① 将鱼肉洗净，切成小块；芹菜洗净，去叶，切成碎末；姜洗净，切丝备用。

② 锅内放入4碗水，水沸腾后先放入燕麦片煮2分钟，再加入鱼肉块、姜丝及芹菜末。

③ 待鱼肉煮熟后，加入盐调味，撒入葱丝和枸杞即可。

潮汕砂锅粥

⏱ 26分钟　👤 3人份

做法

① 洗净的基围虾斩去虾须，背部切开剔去虾线。

② 砂锅中注入适量的清水大火烧热，倒入备好的大米、虾米、姜末、冬菜。

③ 加入花生油、盐，搅匀提味，大火煮开后转小火煮20分钟。

④ 倒入处理好的基围虾，续煮5分钟至食材熟透，加入鸡粉、胡椒粉，拌匀，装入碗中，撒上葱花即可。

材料

基围虾	200克
虾米	30克
水发大米	350克
冬菜	20克
葱花	少许
姜末	少许

调料

盐	适量
鸡粉	适量
胡椒粉	适量
花生油	适量

TIPS

虾含有维生素B₁、视黄醇、胡萝卜素、蛋白质等成分，具有开胃消食、增强免疫力、润泽肌肤等功效。

香菇螺片粥

⏱ 36分钟　👤 2人份

材料
上海青	180克
水发大米	250克
香菇	20克
水发螺片	80克

调料
盐	2克
鸡粉	2克

1

做法

① 洗好的上海青切碎；洗净的螺片切成片；洗好的香菇去蒂，切成条。

② 砂锅中注入清水，用大火烧热，倒入备好的大米、螺片、香菇。

2

③ 盖上锅盖，煮开后转中火煮30分钟，揭开锅盖，倒入上海青，续煮5分钟。

④ 加入盐、鸡粉，搅匀调味，关火后将煮好的粥盛入碗中即可。

3

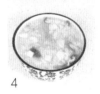

4

 TIPS 螺片可用温水泡发，能缩短泡发的时间。

羊肉淡菜粥

⏱ 61分钟

👤 2人份

材料

水发淡菜	100克
水发大米	200克
羊肉末	10克
姜片	少许
葱花	少许

调料

盐	2克
鸡粉	2克
料酒	5毫升

做法

① 砂锅中注入适量的清水大火烧热，倒入泡发好的大米，搅拌片刻，煮开转小火30分钟至熟软。

② 倒入淡菜、羊肉末，再放入姜片、葱花，淋入料酒，搅匀，中火续煮30分钟。

③ 放入盐、鸡粉，搅拌片刻，使食材入味。

④ 关火，将煮好的粥盛入碗中即可。

香蕉燕麦粥

⏱ 40分钟

👤 2人份

材料
水发燕麦	160克
香蕉	120克
枸杞	少许

做法

① 将洗净的香蕉剥去果皮，把果肉切成片，再切条形，改切成丁，备用。

② 砂锅中注入适量清水烧热，倒入洗好的燕麦，烧开后用小火煮30分钟至燕麦熟透。

③ 揭盖，倒入香蕉，放入枸杞，搅拌匀，用中火煮5分钟，关火后盛出煮好的燕麦粥即可。

 若使用燕麦片煮粥，则不能煮太长时间，以免营养被破坏。

材料
—
水发小麦 200克
桂圆肉 8克
大枣 10克

调料
—
冰糖 少许

TIPS

桂圆肉跟大枣本身就有一定的甜味，所以冰糖不要加得太多。

桂圆大枣小麦粥 🕐 71分钟 👤 2人份

做法

① 锅中注入适量的清水大火烧开，放入泡发好的小麦，搅拌片刻，烧开后转小火熬煮40分钟至熟软。

② 放入桂圆肉、大枣，搅拌片刻，再续煮半个小时。

③ 加入少许冰糖，持续搅拌片刻，使食材入味。

④ 关火，将煮好的粥盛出装入碗中即可。

薏米红薯糯米粥  ⊙ 61分钟 👤 2人份

做法

① 砂锅中注入适量清水烧开。

② 加入已浸泡好的薏米、糯米，搅拌均匀。

③ 盖上盖，烧开之后转小火煮约40分钟，至米粒变软。

④ 揭盖，加入备好的红薯块，搅拌一下。

⑤ 盖上盖，续煮约20分钟，至食材煮熟。

⑥ 关火，凉凉后加入蜂蜜，拌匀，盛出煮好的粥，装在碗中即可。

材料

薏米	30克
红薯块	300克
糯米	100克
蜂蜜	15毫升

TIPS

待粥稍凉则可加入蜂蜜，否则会破坏蜂蜜的营养和有效成分。

红豆麦粥

⏱ 45分钟　👤 2人份

材料
小麦	60克
红豆	60克
大米	80克
鲜玉米粒	90克

调料
盐	2克

做法

① 砂锅中注入适量清水烧开，倒入泡好的小麦、红豆、大米，拌匀。

② 盖上锅盖，用大火煮开后转小火续煮20分钟至食材熟透。

③ 揭盖，倒入玉米粒，拌匀，盖上盖，续煮20分钟至玉米熟软。

④ 揭盖，加入盐，搅拌均匀，关火后盛出煮好的粥，装碗即可。

TIPS 红豆含有蛋白质、脂肪、糖类、B族维生素等营养成分，有助于健脾养胃、利水除湿、补血等。

材料—	糙米	30克
	地瓜	30克
调料—	白糖	8克

TIPS

糙米与普通精致白米相比，更富含维生素、矿物质与膳食纤维等成分，对人体的新陈代谢十分有益。

糙米地瓜粥

🕐 160分钟　👤 1人份

做法

① 糙米泡水2小时备用。

② 地瓜去皮洗净，切成小块备用。

③ 将糙米、地瓜放入锅中，加适量水，熬至熟软，食用时调入白糖即可。

山药黑芝麻粥 ⊙ 103分钟 👤 1人份

做法

① 山药削皮洗净，切细条；绿豆芽洗净，去头；粳米洗净，浸泡1小时。

② 在果汁机中放入山药、黑芝麻、粳米，加入清水、牛奶搅拌均匀。

③ 将搅拌好的材料倒入锅内，用小火煮沸。

④ 调入冰糖，不断搅拌成糊，装碗，撒入熟枸杞和绿豆芽即可。

材料		
山药	30克
粳米	60克
黑芝麻	120克
绿豆芽	适量
熟枸杞	适量
牛奶	适量

调料		
冰糖	100克

TIPS

山药含有淀粉酶、多酚氧化酶、黏液蛋白、维生素等营养成分，具有益志安神、健脾养胃、排毒养颜等功效，还能改善女性经期中因肾虚而导致的痛经情况。

材料	水发大米	120克
	水发绿豆	70克
	水发红豆	80克
	水发黑豆	90克
调料	白糖	6克

TIPS

绿豆含有丰富的蛋白质、膳食纤维、钙、铁、磷、钾、镁等营养成分，具有清热解毒、健脾利湿、滋润皮肤等功效。

三豆粥

⏱ 42分钟　👤 3人份

做法

① 砂锅中注入适量清水烧开，倒入洗净的绿豆、红豆、黑豆。

② 倒入洗好的大米，搅拌匀。

③ 盖上锅盖，烧开后用小火煮约40分钟，至食材熟透。

④ 揭开锅盖，加入白糖。

⑤ 搅拌匀，煮至白糖溶化。

⑥ 关火后盛出煮好的粥，装入碗中即可。

谱恋异国味，让味蕾出走

传统米饭吃腻了，怎么办？

换个口味吧！日式、泰式、意式……款款任选

不要以为吃上一口异国味就得花费很多，其实不然，

在这里，即使足不出户也能拥享异域美食，

让你的舌尖游遍世界！

烤焗饭

🕐 18分钟

👤 1人份

材料
熟米饭　　80克
胡萝卜　　50克
洋葱　　　60克
牛肉末　　100克
生菜叶　　10克
马苏里拉奶酪丝　80克

调料
橄榄油　　10毫升
盐　　　　4克
黑胡椒粉　5克

做法

① 将胡萝卜、洋葱洗净切碎。

② 锅中放入橄榄油，烧热，放入胡萝卜、洋葱，炒香，加入牛肉末，调入盐、黑胡椒粉，炒至食材断生，关火取出备用。

③ 取一个无底的方形模具，放入烤盘，将熟米饭放入压实，再放入炒好的食材，表面铺上奶酪丝。

④ 烤箱温度调成180℃预热，将烤盘放入预热好的烤箱中，烤10分钟至奶酪熔化呈金黄色，取出，撤出模具，放上生菜叶装饰即可。

奶油蘑菇焗饭

🕐 20分钟

👤 1人份

材料

熟米饭	150克
口蘑	80克
猪瘦肉	60克
洋葱	30克
青豆	30克
拔丝奶酪	适量

调料

盐	3克
生抽	适量
食用油	适量

做法

① 将猪瘦肉切成片；洋葱切成丝；口蘑切片。

② 锅中注入适量食用油烧热，放入猪肉片，滑炒至变色。

③ 放入洋葱、青豆、口蘑，翻炒均匀，加入盐、生抽，炒匀，盛出，备用。

④ 将熟米饭装入盘中，盛上翻炒好的食材，撒上拔丝奶酪，放入预热好的烤箱中，烤10分钟至奶酪熔化呈金黄色即可。

材料	冷米饭	200克
	猪瘦肉	90克
	洋葱	55克
	西蓝花	60克
	土豆	75克
	红椒	50克
	奶酪片	25克

调料	盐	4克
	食用油	适量

TIPS

切好的土豆可先在清水中泡去多余淀粉，口感会更好。

焗猪肉马铃薯饭

🕙 10分钟　👤 2人份

做法

① 洗净的瘦肉切成粒；洗净去皮的土豆切粒；洗净的红椒切成粒；洗净的西蓝花切成小朵；处理好的洋葱切小块；奶酪片切成细丝。

② 热锅注油烧热，倒入猪瘦肉，炒至转色，加入土豆、洋葱、红椒、西蓝花炒匀。

③ 倒入冷米饭，翻炒至松散，加入盐，注入少许清水，翻炒至水分收干，装入碗中，撒上备好的奶酪丝，待用。

④ 备好微波炉，放入食材，微波2分钟，将食材取出即可。

牛肉咖喱焗饭 ⏱ 15分钟 👤 1人份

做法

① 洗净的洋葱切丁；胡萝卜切成丁；洗净的土豆切成丁；牛肉切丁。

② 热锅注入适量的食用油，倒入牛肉丁、洋葱丁、土豆丁、胡萝卜丁，炒匀。

③ 倒入咖喱粉，炒匀，注入适量的清水，焖煮2分钟，倒入熟米饭，炒匀，加入盐、鸡粉炒匀。

④ 将炒好的米饭盛入碗中，铺上芝士片、淋上番茄酱。

⑤ 将米饭放入备好电烤箱中，将上下管温度调至200℃，烤制8分钟，取出即可。

材料

牛肉	50克
土豆	60克
去皮胡萝卜	30克
洋葱	30克
熟米饭	100克
芝士片	1片

调料

番茄酱	20克
咖喱粉	10克
食用油	适量
盐	3克
鸡粉	3克

TIPS

牛肉被西方人视为"力量食物"，它能为人体提供丰富的蛋白质、维生素B_6、矿物质等成分，当中的铁是人体造血必需的元素，维生素B_6则可以促进蛋白质的合成，增强体力。

西班牙海鲜焗饭

⏱13分钟　👤2人份

材料

虾仁	50克	去皮胡萝卜	40克
熟米饭	100克	黄瓜	45克
芝士片	1片	芹菜粒	10克
培根	30克	西红柿	55克
鱿鱼	20克		
玉米粒	20克		

调料

盐	适量
黑胡椒碎	少许
黄油	10克

1

做法

① 洗净的西红柿切片；胡萝卜切成丁；洗净的黄瓜切丁；培根切片；鱿鱼切小块。

② 热锅倒入黄油，加热至其熔化，倒入培根炒香，倒入胡萝卜、黄瓜、玉米粒、熟米饭炒香。

③ 注入适量的清水，加入盐炒匀，将炒好的米饭盛入盘中，放上芝士片，摆上虾仁、鱿鱼、西红柿，撒上芹菜粒、黑胡椒碎。

④ 备好电烤箱，打开箱门，将食材摆放在烤盘中，将上下管温度调至200℃，烤制8分钟，取出食材即可。

2

3

4

TIPS 虾含有蛋白质、脂肪、膳食纤维、胡萝卜素等成分，具有增强免疫力、养血固精等功效。另外，虾中还含有三种重要的脂肪酸，能使人长时间保持精力集中。

西红柿海鲜饭

⏱ 20分钟
👤 2人份

材料

米饭	170克
鱿鱼	85克
煮熟的蛤蜊	120克
虾仁	80克
西红柿	110克
奶酪碎	25克
蒜末	少许

调料

番茄酱	40克
盐	1克
鸡粉	1克
食用油	适量

做法

① 洗净的鱿鱼切圈；洗净的虾仁背部切开，取出虾线；洗好的西红柿切块。

② 用油起锅，倒入蒜末，爆香，放入处理干净的虾仁、鱿鱼，放入蛤蜊、西红柿、番茄酱，炒匀。

③ 倒入米饭，压散，翻炒至食材微熟，加入盐、鸡粉，炒匀盛出。

④ 取出烤盘，放上锡纸，均匀放上海鲜饭，撒上奶酪碎。

⑤ 将烤盘放入烤箱里，将上下火温度调至180℃，烤15分钟即可。

虾仁茶香泡饭

⏱ 8分钟

👤 2人份

材料

虾仁	30克
白米饭	200克
茶叶	2克
海苔	4克
高汤	100毫升
葱花	2克

调料

| 盐 | 少许 |

做法

① 取备好的杯子，倒入白米饭，铺上洗净的虾仁，盖上保鲜膜。

② 备好微波炉，将食材放入，关上炉门，加热3分钟，取出食材，揭开保鲜膜，待用。

③ 将茶叶倒入开水杯中，搅拌片刻，再将茶叶沥出，留茶水。

④ 将高汤倒入装有米饭的杯中，再倒入茶水，放入盐、海苔，撒上葱花即可。

TIPS 泡茶的水最好是95℃左右的，泡饭的味道会更香醇。

材料		
	米饭	200克
	茄子	220克
	胡萝卜	30克
	黄彩椒	20克
	红彩椒	20克
	口蘑	20克
	洋葱碎	10克
	牛肉末	80克

调料		
	盐	2克
	鸡粉	2克
	黑胡椒	适量
	橄榄油	适量
	辣椒汁	适量
	奶酪	适量
	黄油	适量
	食用油	适量

TIPS

茄子可在盐水中浸泡片刻，以免氧化。

茄盒烩饭 ⏱ 15分钟 👤 2人份

做法

① 洗净的茄子切丁；洗净的口蘑去蒂切小块；去皮的胡萝卜切粒；洗净去子的红彩椒切粒；洗净去子的黄彩椒切小块；热锅注入食用油烧热，放入茄盒炸软捞出。

② 将适量黄油、橄榄油倒入锅中，烧至熔化，放入洋葱碎、牛肉末，翻炒松散。

③ 加入口蘑、胡萝卜、茄子肉丁，加入盐、鸡粉、黑胡椒、辣椒汁，放入彩椒粒、米饭，翻炒出香味，盛出，装入茄盒中，摆放上奶酪。

④ 备好烤箱，放入米饭，上火调为200℃，下火调为150℃，烤10分钟即可。

田园风味咖喱饭

⏱ 30分钟　👤 2人份

做法

① 去皮胡萝卜切片；去皮白萝卜切片；去皮牛蒡切斜刀片；洗净的白洋葱切块；去皮芋头切正方形片；洗净的杏鲍菇切斜刀片。

② 锅中倒入椰子油烧热，倒入蒜末、姜末、白洋葱块炒匀，放入芋头片、牛蒡片、白萝卜片、胡萝卜片、杏鲍菇片炒匀，倒入高汤烧沸，加盖，小火煮10分钟至食材熟软。

③ 揭盖，放入咖喱露搅均匀，放入油炸豆腐，加味淋、生抽调味，稍煮片刻至入味，关火后盛入装有米饭的碗中即可。

材料

去皮芋头	100克
杏鲍菇	50克
油炸豆腐	30克
去皮牛蒡	70克
去皮胡萝卜	100克
白洋葱	100克
去皮白萝卜	100克
米饭	200克
高汤	300毫升
蒜末	10克
姜末	5克

调料

生抽	5毫升
味淋	3毫升
椰子油	6毫升
咖喱露	50克

茄子西红柿咖喱烩饭

⏱ 15分钟　👤 2人份

材料			调料		
	米饭	180克		椰子油	10毫升
	肉末	200克		姜黄粉	适量
	茄子	140克		辣椒粉	适量
	西红柿	100克		生抽	适量
	白洋葱	60克		白糖	适量
	朝天椒碎	3克		咖喱粉	适量
	梅干	适量		白胡椒粉	适量
	蒜末	适量		盐	适量
	九层塔碎	少许			

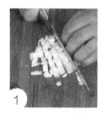

做法

① 洗净的茄子切丁；洗净的西红柿切丁；处理好的白洋葱切去头尾，切丁。

② 热锅倒入5毫升椰子油烧热，放入白洋葱、蒜末、朝天椒碎，炒香，倒入肉末、茄子，炒匀。

③ 加入盐、白胡椒粉，翻炒匀，再加入咖喱粉、白糖、生抽、梅干，放入辣椒粉，翻炒调味。

④ 加入西红柿，注入清水，搅拌匀，大火煮开后转小火焖10分钟，盛入盘中。

⑤ 备好一个碗，倒入米饭、5毫升椰子油，放入姜黄粉、盐、白胡椒粉，搅拌均匀，倒入盘中，撒上少许九层塔碎即可。

TIPS 西红柿中含有类黄酮，既有降低毛细血管的通透性和防止其破裂的作用，还有预防血管硬化的特殊功效。

鲜虾黄瓜咖喱饭

🕐 13分钟

👤 2人份

材料

白洋葱	60克
虾仁	50克
圣女果	150克
黄瓜	100克
米饭	150克
蒜末	10克

调料

椰子油咖喱	50克
盐	2克
椰子油	10毫升

做法

① 洗净的白洋葱去根部，切块；洗好的黄瓜切圆片；洗净的圣女果去蒂，对半切开。

② 锅置火上，倒入一半椰子油，烧热，放入黄瓜片，倒入处理干净的虾仁，翻炒1分钟，盛出。

③ 另起锅，倒入剩余的椰子油，烧热，放入蒜末、白洋葱块炒匀。

④ 加入圣女果，倒入清水搅匀，加入椰子油咖喱，煮5分钟，加入黄瓜和虾仁，放入盐拌匀，煮至入味，盛入装有米饭的碗中即可。

贝类咖喱炖菜饭

 16分钟

2人份

材料

水发干贝	10个
去皮土豆	100克
去皮胡萝卜	100克
九层塔	3片
蒜末	10克
姜末	5克
椰奶	150毫升
米饭	150克

调料

朗姆酒	6毫升
椰子油	6毫升
盐	2克
咖喱	50克

做法

① 土豆切成丁；胡萝卜切成丁；洗净的九层塔切碎。

② 锅置火上，倒入一半椰子油，烧热，倒入泡好的干贝，煎炒约2分钟至焦香，盛出，装碗待用。

③ 锅中倒入剩余的椰子油，倒入蒜末、姜末、土豆丁、胡萝卜丁，炒匀，注入清水，炖4分钟，倒入咖喱、干贝，加入椰奶，拌匀，稍煮片刻，加入盐、朗姆酒，煮约1分钟，盛入装有米饭的盘中，撒上九层塔即可。

凤尾鱼西红柿烩饭

⏲ 42分钟　👤 2人份

材料

罐头凤尾鱼	150克	香菜末	少许
西红柿	1个	蒜蓉	少许
白洋葱	120克	朝天椒圈	5克
水发大米	150克	香叶	1片
圣女果	1个	清汤	100毫升
奶酪	3片		
芝士粉	少许		

调料

盐	2克
胡椒粉	2克
椰子油	3毫升
朗姆酒	50毫升

做法

① 罐头凤尾鱼切碎；洗净的白洋葱切碎；洗好的西红柿去蒂，切成丁；洗净去蒂的圣女果底部切十字花刀。

② 锅置火上，倒入清水，加入清汤，放入盐、胡椒粉，搅匀，煮约2分钟至沸腾，关火后盛出煮好的汤料，装碗待用。

③ 洗净的锅置火上，倒入椰子油，烧热，倒入罐头凤尾鱼、白洋葱碎、蒜蓉、朝天椒圈、香叶，炒香，倒入泡好的大米，用中小火炒约2分钟至水分收干。

④ 放入西红柿丁，倒入煮好的汤料，加入朗姆酒，搅匀，大火煮沸片刻，用小火焖20分钟至汤汁收干。

⑤ 放入奶酪片，搅拌均匀，续焖10分钟至入味，关火后盛出烩饭，装盘，撒上芝士粉，加上香菜末，放上圣女果即可。

TIPS 将汤料倒入锅中后，视情况再加入适量清水，以免汁水太少烧焦食材。

1　2　3　4　5

日式加州卷

⏱ 5分钟

👤 1人份

材料

寿司饭	50克
蟹子	30克
青瓜	1条
蟹柳	2条
玉子	1件
紫菜	半张

调料

芥末	适量
寿司姜	适量
沙拉酱	20克

做法

① 紫菜平铺，上面放入寿司饭，再铺上蟹子。

② 在紫菜寿司饭上放上沙拉酱、青瓜、蟹柳、玉子，卷起。

③ 将卷好的材料切成六段，摆盘，同芥辣和寿司姜一同上席即可。

TIPS 卷寿司时注意把米饭以及材料压实，避免裂开。

黄萝卜卷

⏱ 4分钟

👤 1人份

材料
黄萝卜　　1条
紫菜　　　半张
寿司饭　　100克

调料
芥末　　　适量
豉油　　　适量
寿司姜　　10克

做法

① 黄萝卜洗净切条，紫菜平铺。

② 上面铺上寿司饭、黄萝卜条，卷成寿司卷。

③ 将卷好的萝卜卷切段，同芥末、豉油和寿司姜一同摆盘即可。

TIPS 制作寿司卷时，米饭一定要铺匀，这样做出来的成品才美观。

魔芋结饭团

材料

魔芋结180克，熟米饭230克，紫苏叶、
海苔碎各5克，胡萝卜60克

调料

生抽10毫升，芥末少许

做法

① 洗净的紫苏叶切成细丝；洗净去皮的
　 胡萝卜切粒；魔芋结汆水后捞出。

③ 将熟米饭、胡萝卜丁、海苔碎混匀，
　 取适量的米饭揉捏成团，摆入盘中，
　 魔芋结摆放在饭团上，撒上紫苏叶，
　 搭配芥末和生抽食用即可。

肉松饭团

材料

米饭200克，肉松45克，海苔10克

做法

① 保鲜膜铺在平板上，铺上米饭，压
　 平、压实。

② 铺上肉松，将其包裹住。

③ 捏制成饭团，再包上海苔。

④ 将剩余的材料依次制成饭团，将做好
　 的饭团装入盘中即可。

红米海苔肉松饭团

🕐 32分钟

👤 2人份

TIPS

红米含有维生素A、B族维生素、维生素E、磷、铁等营养成分，具有健脾消食、活血化瘀等功效。

材料

水发红米 175克
水发大米 160克
肉松 30克
海苔 适量

做法

① 取一个蒸碗，倒入洗净的红米、大米，注入适量清水；将海苔切粗丝。

② 蒸锅上火烧开，放入蒸碗，用中火蒸约30分钟，至食材熟软，取出蒸好的米饭，放凉待用。

③ 取一张保鲜膜铺开，倒入放凉的米饭，撒上适量海苔丝，拌匀，再倒入备好的肉松，拌匀。

④ 将拌好的米饭搓成饭团，系上海苔丝，作为装饰，将做好的饭团放入盘中即成。

甜辣牛油果泡菜拌饭

⏱ 7分钟　👤 2人份

材料			调料		
	牛油果	100克		盐	3克
	白洋葱	35克		白糖	10克
	冷米饭	150克		白胡椒粉	2克
	鸡肉末	100克		辣椒粉	3克
	温泉蛋	1个		料酒	4毫升
	泡菜	40克		生抽	3毫升
	蒜末	少许		椰子油	5毫升
	姜末	少许		柠檬汁	5毫升
	熟白芝麻	2克			

做法

① 牛油果对半切开，剥去皮，去核，切成小块；洗净的白洋葱切去底部，切成丁。

② 热锅注入2毫升椰子油，倒入白洋葱，炒香，倒入鸡肉末炒散，炒至转色。

③ 加入盐、白胡椒粉、料酒、白糖、生抽，加入辣椒粉、蒜末、姜末，炒匀入味，盛入碗中。

④ 往牛油果上面淋上3毫升椰子油、柠檬汁，拌匀。

⑤ 往备好的碗中倒入米饭，铺上牛油果、泡菜、鸡肉末，打上温泉蛋，撒上白芝麻即可。

 关于温泉蛋的制作，水温要控制在60~80℃。

日式海鲜锅仔饭

⏱ 12分钟

👤 2人份

材料

虾	250克
蟹	250克
鱿鱼	250克
鱼柳	250克
白饭	200克
鸡蛋	1个

调料

鳗鱼汁	50毫升
白糖	5克
香油	少许
盐	少许
食用油	适量

做法

① 将洗净的虾、蟹、鱿鱼、鱼柳放入六成热的油中,过油捞起。

② 热锅,加油下入鸡蛋和白饭,加少许盐炒香,装盘。

③ 热锅,倒入鳗鱼汁和过油的海鲜同煮,再放入白糖、香油炒匀,淋到装盘的蛋炒饭上即可。

ⓘ **TIPS**

食用新鲜鱿鱼时一定要去除内脏,因为其内脏中含有大量的胆固醇,对人体无益。

乌兹别克风味肉饭

⏱ 12分钟

👤 2人份

材料

熟米饭	150克
羊肉	100克
胡萝卜	50克
鸡蛋	50克

调料

盐	5克
鸡粉	8克
食用油	20毫升
咖喱粉	10克
胡椒粉	适量
孜然	适量

做法

① 将羊肉切成块；胡萝卜去皮切成粗丝。

② 锅中注水烧开，放入羊肉，煮至熟后捞出，沥干水分；鸡蛋打散，放入熟米饭内搅匀，再倒入油锅中炒散，调入咖喱粉、2克盐、4克鸡粉，翻炒几下，盛出备用。

③ 锅中注油烧热，放入羊肉块、胡萝卜丝炒匀。

④ 放入炒好的米饭，续炒一会儿，再调入3克盐，放入4克鸡粉、胡椒粉、孜然，炒匀提味即可。

材料		
	凉米饭	200克
	包菜	100克
	胡萝卜	120克
	牛肉	90克
	虾米	适量

调料		
	盐	2克
	鸡粉	3克
	生抽	5毫升
	食用油	适量
	沙茶酱	20克

TIPS

牛肉纤维较粗，应垂直肉纤维来切，这样可以将肉纤维切断，牛肉炒制好后更容易咀嚼。

印尼炒饭 ⏱ 6分钟 👤 2人份

做法

① 将洗净的包菜切丝；去皮洗好的胡萝卜切片，切丝；洗净的牛肉切片，切丝。

② 用油起锅，放入牛肉丝，略炒，倒入洗净的虾米，放入胡萝卜丝，炒匀炒香。

③ 加入沙茶酱，炒匀，倒入凉米饭，炒松散，放生抽，炒匀。

④ 倒入包菜丝，炒匀，放盐、鸡粉，炒匀调味，关火后盛出，装入碗中即可。

巴西炒饭 ⏱ 5分钟 👤 2人份

做法

① 处理好的洋葱切粗条；腊肠切片；洗净的西蓝花切成小朵。

② 热锅注油烧热，倒入蛋液，摊制成蛋皮，装入盘中，待用。

③ 锅底留油烧热，倒入蒜末，爆香，倒入洋葱、西蓝花、腊肠，翻炒均匀。

④ 倒入备好的米饭，翻炒松散，注入适量清水，加入盐、鸡粉，翻炒均匀，将炒好的米饭盛入盘中待用。

⑤ 蛋皮放在砧板上，切大块，卷起切成丝，堆放在炒饭上即可。

材料		
米饭	230克
西蓝花	120克
洋葱	50克
腊肠	100克
蛋液	65克
蒜末	少许

调料		
盐	2克
鸡粉	2克
食用油	适量

TIPS

西蓝花含有维生素C、钾、叶酸、维生素A、镁、泛酸等成分，具有补肾填精、健脑壮骨、补脾和胃等功效。

咖喱鸡肉炒饭

⏱6分钟 👤2人份

材料

冷米饭	150克
鸡胸肉	100克
玉米粒	50克
青豆	50克
胡萝卜	30克
红椒	30克
茴香碎	少许
香菜叶	适量

调料

咖喱	20克
盐	2克
食用油	适量

做法

① 将鸡胸肉切成块；胡萝卜、红椒均切成丁。

② 锅中注入适量食用油烧热，放入鸡胸肉，炒至变色，放入玉米粒、青豆、胡萝卜、红椒，炒匀，盛出。

③ 用油起锅，放入咖喱，炒至其熔化。

④ 倒入冷米饭，翻炒约3分钟至松软。

⑤ 倒入炒好的菜肴和茴香碎，拌匀，加入盐，炒匀调味，盛入碗中，点缀上香菜叶即可。

TIPS 米饭炒制前最好放入冰箱冷藏，取出来后打散，这样炒出来的米饭才会粒粒分明口感好。

材料		
	熟米饭	200克
	青椒	30克
	红椒	30克
	洋葱	40克
	西红柿	40克
	猪瘦肉	50克
	鸡腿肉	50克
	氽熟的蛤蜊	50克
	虾仁	35克
	蒜末	少许

调料		
	盐	2克
	鸡粉	2克
	食用油	适量

（TIPS）

蛤蜊含有蛋白质、脂肪、糖类、维生素A、钙、磷、铁、碘等营养成分，具有滋阴润燥、利尿消肿、软坚散结等功效。

美式海鲜炒饭

⏱12分钟 👤2人份

做法

① 洗净的青椒、红椒均切开去子，切小块；洗净的洋葱切块；洗好的西红柿切小块；洗净的猪瘦肉切片；洗好的鸡腿肉切小块。

② 用油起锅，倒入瘦肉片，放入切好的鸡腿肉，炒约1分钟至转色。

③ 倒入蒜末，炒香，放入熟米饭，压散，放入青椒、红椒、洋葱、西红柿，炒匀。

④ 注入适量清水，炒拌均匀，大火焖5分钟至熟软入味，倒入蛤蜊。

⑤ 倒入洗净的虾仁，炒拌约1分钟，加入盐、鸡粉，炒拌至入味，盛入盘中即可。

CHAPTER 07

米饭玩转新花样

吃饭，这件小事，是我们生命的重要主题。

米饭，作为我们每顿饭的标配，平凡却让我们不得不在意，

它的优劣直接影响一顿饭的整体评价。

有人说，米饭做法单一？

其实，只要肯下番功夫，米饭也能玩转新花样。

材料	二米饭	120克
	生菜	130克
	香菜	30克
	土豆丝	100克
	葱段	少许

调料	食用油	适量
	黄豆酱	40克

TIPS

小米含有蛋白质、糖类、胡萝卜素、铁、钾等营养成分，具有防止消化不良、滋润肌肤、祛斑美容等作用。

打饭包　⏱10分钟　👤2人份

做法

① 热锅中注入足量油，烧至六成热，放入土豆丝，油炸约2分钟至土豆丝微黄焦脆，捞出，沥干油分，装盘待用。

② 在洗净的生菜上依次抹入黄豆酱，放上二米饭。

③ 放入香菜、葱段，加上炸好的土豆丝，将生菜卷起，装盘即可。

小米糊涂面

⏱ 25分钟　👤 1人份

做法

① 胡萝卜切片，切成丝；洗净的香菇切条，待用。

② 砂锅置火上，注入清水，放入泡好的黄豆，倒入洗净的小米搅匀，用大火煮开。

③ 转小火，加盖，续煮20分钟至食材熟透，放入细面条，加入胡萝卜丝、香菇。

④ 将食材搅匀，稍煮1分钟至食材熟软，放入洗净的芹菜叶，搅匀，加入盐、鸡粉，搅匀，关火后盛出煮好的面条，装碗待用。

⑤ 用油起锅，放入花椒，加入葱花，爆香，关火后盛出，放面条上即可。

材料

细面条	120克
香菇	50克
小米	40克
水发黄豆	70克
去皮胡萝卜	50克
芹菜叶	20克
花椒	10克
葱花	20克

调料

盐	1克
鸡粉	1克
食用油	适量

TIPS

黄豆含有大量的植物蛋白，相比肉类更容易被人体吸收。另外它还含有丰富的磷脂，能增进人体神经、肝脏、骨骼及皮肤的健康。

双拼桂花糯米藕

⏱ 40分钟　👤 2人份

材料
去皮莲藕　250克
水发糯米　50克
水发黑米　50克
去皮白萝卜 15克
糖桂花　　15克

调料
红糖　　15克
白糖　　15克

做法

① 洗净的莲藕对半切开；洗好的白萝卜切厚片。

② 取一片切好的白萝卜，用牙签固定在其中一段莲藕的一头，莲藕孔里塞入泡好的糯米，取另一片白萝卜，用牙签固定在塞入糯米的莲藕的另一头，以防止后续煮制过程中糯米漏出。

③ 取另一段莲藕，用牙签将一片白萝卜固定在其一头，莲藕孔里塞入泡好的黑米，取另一片白萝卜，用牙签固定在塞入黑米的莲藕的另一头。

④ 锅中注水，放入塞好糯米的莲藕，加入白糖，拌匀至溶化；另起一锅，注水，放入塞好黑米的莲藕，加入红糖，拌匀至溶化；两锅均用大火煮30分钟至熟软，捞出两段莲藕，均拨出牙签，取下白萝卜片，分别切成厚片，装盘待用。

⑤ 另起锅，注入清水，放入糖桂花、白糖，拌匀，稍煮1分钟至成糖浆，浇在莲藕片上即可。

TIPS 可用高压锅煮制糯米藕，不仅可以缩短时间，还可让莲藕糯米更软绵。

1

2

3

4

5

材料
—

雪梨	2个
水发大米	25克
水发黑米	25克

调料
—

| 冰糖 | 15克 |

TIPS

做好的雪梨米饭盅最好先放入凉水中浸泡，以免梨子氧化变黑。

冰糖雪梨米饭盅　🕐 42分钟　👤 2人份

做法

① 洗净的雪梨用小刀划成波纹形，切去其顶端部分，制成米饭盅盖，用刀子和勺子将雪梨的内核去掉，制成米饭盅。

② 大米、黑米放入雪梨米饭盅里，加入冰糖，注入适量清水，盖上盅盖，备用。

③ 蒸锅中注入适量清水烧开，放上米饭盅，加盖，大火炖40分钟至熟。

④ 揭盖，关火后取出炖好的米饭盅，揭开盅盖食用即可。

蔬菜烤米饼

⏱ 15分钟   👤 1人份

做法

① 将樱桃番茄洗净对半切开；西葫芦洗净切成丝；罗勒叶切碎；奶酪切成20克大小方块。

② 将樱桃番茄、西葫芦放入盆中，加入罗勒叶碎、奶酪、橄榄油拌匀，备用。

③ 将一个无底的方形模具放入烤盘，将熟米饭放入方形模具中压实，再将拌好的食材倒入压实。

④ 将烤箱温度调成180℃预热，烤盘放入预热好的烤箱，烤10分钟至奶酪熔化呈金黄色，将烤盘拿出，撤出模具，撒上烤好的松子即可。

材料

熟米饭	80克
樱桃番茄	50克
西葫芦	50克
烤好的松子	10克
罗勒叶	10克
奶酪	100克

调料

橄榄油	10毫升

TIPS

事前在烤盘表面刷上一层油，能够防止米饭烤煳。

芝麻糯米枣

🕙 10分钟　👤 1人份

材料

大枣30克，糯米粉85克，熟白芝麻少许

调料

冰糖25克

做法

① 将洗净的大枣切开，去核，待用。

② 糯米粉中注入适量清水，制成面团。

③ 取部分面团，搓成长条，再分成数
　段，压扁，制成面片，放入切好的大
　枣中，制成糯米枣生坯，待用。

④ 锅中注入清水烧开，放入冰糖，边煮
　边搅拌，再倒入生坯拌匀，煮约3分
　钟，装入碗中，撒上熟白芝麻即可。

糯米包油条

🕙 40分钟　👤 3人份

材料

水发糯米200克，油条60克，黄豆粉
100克，黑芝麻、枸杞各少许

调料

白糖适量

做法

① 取一个碗，倒入糯米，加入清水，放
　入蒸锅蒸30分钟至熟软，取出。

② 用保鲜膜包在砧板上，倒入糯米，加
　入白糖、黄豆粉、黑芝麻，放上油
　条，将糯米饭卷起来，切小段，点缀
　上黑芝麻与枸杞即可。

香炸糯米卷

⏱ 50分钟

👤 4人份

材料

糯米	300克
炸花生米	30克
腊肉粒	50克
香肠粒	50克
虾米	20克
春卷皮	数张

调料

盐、鸡粉	各2克
白糖	2克
蚝油	3毫升
芝麻油	2毫升
食用油	适量
猪油	40毫升

做法

① 把洗好的糯米装入模具中，加适量清水，放入烧开的蒸锅，大火蒸35分钟至熟，取出。

② 用油起锅，倒入虾米，加入腊肉粒，放入香肠粒，炒香，盛出。

③ 把糯米饭装入碗中，放入猪油、白糖、盐、鸡粉、蚝油、芝麻油，拌匀，加入虾米腊肉香肠、炸花生米，拌匀制成馅料。

④ 把春卷皮切成长方块，取适量馅料放在春卷皮上，卷成圆筒状生坯，入油锅炸至金黄色即可。

糯米藕圆子

⏱ 32分钟 👤 2人份

材料			**调料**		
水发糯米	220克		盐	2克
肉末	55克		白胡椒粉	少许
莲藕	45克		生抽	4毫升
蒜末	少许		料酒	6毫升
姜末	少许		生粉	适量
			芝麻油	适量
			食用油	适量

1

2

做法

① 将去皮洗净的莲藕切片，改切丝，再切碎，剁成末。

② 取一大碗，倒入肉末、莲藕，拌匀、搅散，再撒上蒜末、姜末、盐、白胡椒粉，淋入料酒，放入生抽，注入食用油、芝麻油。

③ 快速搅拌匀，倒入生粉，拌匀，至肉起劲，再做成数个丸子，滚上糯米，制成数个圆子生坯，放入蒸盘中，待用。

④ 蒸锅上火烧开，放入蒸盘，用大火蒸约25分钟，至食材熟透，取出即可。

3

4

TIPS 莲藕肉质肥嫩，口感甜脆，含有淀粉、蛋白质、B族维生素、维生素C以及钙、磷、铁等多种矿物质，具有补五脏之虚、强壮筋骨、滋阴养血、利尿通便等作用。

材料	水发小米	200克
	排骨段	300克
	洋葱丝	35克
	姜丝	少许

调料	盐	3克
	白糖	少许
	老抽	少许
	生抽	3毫升
	料酒	6毫升

TIPS

排骨营养丰富，含有蛋白质、B族维生素、骨胶原、骨粘连蛋白以及铁、钙、锌、镁、钾等营养物质，具有补钙、滋阴壮阳、益精补血等功效。

小米洋葱蒸排骨

🕐 57分钟　👤 2人份

做法

① 把洗净的排骨段装碗中，放入洋葱丝，撒上姜丝，搅拌匀。

② 加入盐、白糖，淋上料酒、生抽、老抽，拌匀。

③ 倒入洗净的小米，搅拌一会儿，再把拌好的材料转入蒸碗中，腌渍约20分钟。

④ 蒸锅上火烧开，放入蒸碗，盖上盖，用大火蒸约35分钟，至食材熟透，取出蒸好的菜肴即可。

糯米腊肉卷　⏱38分钟　👤3人份

做法

① 将洗净的腊肉切片，再切条形，改切成丁。

② 锅中注入清水烧开，放入洗净的生菜叶，略煮一会儿，至其断生后捞出。

③ 蒸锅上火烧开，放入糯米，用大火蒸约35分钟至米粒熟透，取出蒸好的米饭。

④ 用油起锅，倒入腊肉丁，放入蒸熟的米饭，炒散，加入盐、生抽、鸡粉，炒匀，撒上葱花，炒出葱香味，盛入碗中，制成馅料。

⑤ 取焯好的生菜叶，铺开，盛入适量的馅料，再卷成卷儿，收紧口，制成糯米腊肉卷，摆在盘中即可。

材料

水发糯米	300克
生菜叶	100克
腊肉	150克
葱花	少许

调料

盐	少许
鸡粉	少许
生抽	3毫升
食用油	适量

TIPS

生菜叶不宜煮得太软，否则制作糯米腊肉卷的时候不易成形。

香菇红烧肉粽子

⏱ 140分钟　👤 2人份

材料			调料		
	水发糯米	160克		生抽	4毫升
	水发小米	25克		料酒	5毫升
	五花肉	200克		盐	3克
	香菇	10克		鸡粉	2克
	花生仁	10克		老抽	3毫升
	姜片、葱段各少许			食用油	适量
	粽叶、粽绳各若干				

做法

① 洗净的五花肉切成小块；洗净的香菇丁；锅中注入清水烧开，放入五花肉，氽至转色，捞出。

② 热锅注油烧热，爆香葱段、姜片，放入五花肉，淋入生抽、料酒，炒匀，注入清水，放入老抽、盐、香菇、花生仁，翻炒均匀，用小火焖30分钟，放入鸡粉，炒匀，装入碗中。

③ 将已泡发小米倒入已泡发的糯米碗中，拌匀，再倒入炒好的材料拌匀成馅料。

④ 取浸泡过的粽叶，剪去柄部，从中间折成漏斗状，放入适量馅料，将粽叶贴着馅料往下折，再将右叶边向下折，左叶边向下折，分别压住，将粽叶多余部分捏住，贴住粽体，用粽绳捆好扎紧，将剩余的馅料依次制成粽子。

⑤ 电蒸锅注入适量清水烧开，放入粽子，煮1个半小时，取出稍放凉，剥开粽叶即可食用。

(TIPS) 给五花肉氽水时可加入少许料酒，能更好地去腥。

1　　2　　3　　4　　5

猪肝米丸子

⏱ 25分钟

👤 3人份

材料

猪肝	140克
米饭	200克
水发香菇	45克
洋葱	30克
胡萝卜	40克
蛋液	50毫升
面包糠	适量

调料

盐	2克
鸡粉	2克
食用油	适量

做法

① 蒸锅上火烧开，放入洗净的猪肝，用中火蒸约15分钟，取出。

② 洗净去皮的胡萝卜切成丁；洗好的香菇切成小块；洗净的洋葱切碎末；放凉的猪肝切成末。

③ 用油起锅，倒入胡萝卜丁、香菇丁、洋葱末、猪肝末炒匀，加入盐、鸡粉、米饭，炒匀盛出。

④ 将米饭制成数个丸子，再蘸上蛋液、面包糠，制成米丸子生坯。

⑤ 热锅注油烧热，放入生坯，炸至其呈金黄色，捞出即可。